Ensino de ciências:
pontos e contrapontos

CIP - BRASIL CATALOGAÇÃO NA PUBLICAÇÃO
SINDICATO NACIONAL DOS EDITORES DE LIVROS, RJ

B554e
Bizzo, Nelio
  Ensino de ciências: pontos e contrapontos / Nelio Bizzo, Attico Chassot; Valéria Amorim Arantes (org.). — São Paulo: Summus, 2013.
  (Pontos e contrapontos)

  Inclui bibliografia
  ISBN 978-85-323-0891-7

  1. Ciência – Estudo e ensino. 2. Ciência – Aspectos sociais. 3. Professores de ciência – Formação. 4. Religião e ciência. I. Chassot, Attico Inácio. II Arantes, Valéria Amorim. III. Título. IV. Série.

13-00497   CDD-507
                                                              CDU-5(07)

www.summus.com.br

EDITORA AFILIADA

Compre em lugar de fotocopiar.
Cada real que você dá por um livro recompensa seus autores
e os convida a produzir mais sobre o tema;
incentiva seus editores a encomendar, traduzir e publicar
outras obras sobre o assunto;
e paga aos livreiros por estocar e levar até você livros
para a sua informação e o seu entretenimento.
Cada real que você dá pela fotocópia não autorizada de um livro
financia um crime
e ajuda a matar a produção intelectual em todo o mundo.

Ensino de ciências:
pontos e contrapontos

Nelio Bizzo
Attico Chassot

Valéria Amorim Arantes
(ORG.)

summus
editorial

ENSINO DE CIÊNCIAS: PONTOS E CONTRAPONTOS
Copyright © 2013 by Attico Chassot, Nelio Bizzo e Valéria Amorim Arantes
Direitos desta edição reservados por Summus Editorial

Editora executiva: **Soraia Bini Cury**
Editora assistente: **Salete Del Guerra**
Tradução do texto "História da ciência e
ensino da ciência": **Carlos S. Mendes Rosa**
Capa: **Ana Lima**
Projeto gráfico: **José Rodolfo de Seixas**
Diagramação: **Acqua Estúdio Gráfico**
Impressão: **Sumago Gráfica Editorial**

Summus Editorial
Departamento editorial
Rua Itapicuru, 613 – 7º andar
05006-000 – São Paulo – SP
Fone: (11) 3872-3322
Fax: (11) 3872-7476
http://www.summus.com.br
e-mail: summus@summus.com.br

Atendimento ao consumidor
Summus Editorial
Fone: (11) 3865-9890

Vendas por atacado
Fone: (11) 3873-8638
Fax: (11) 3873-7085
e-mail: vendas@summus.com.br

Impresso no Brasil

Sumário

Apresentação – *Valéria Amorim Arantes* 7

Parte I – Ensino de ciências 11
– *Nelio Bizzo*
– *Attico Chassot*

**História da ciência e ensino da ciência:
instrumentos para a prática e a pesquisa escolar**
– *Nelio Bizzo* 13
História da ciência como novo campo de conhecimento 14
Ciência e história: tensões 22
Professores de ciências e historiadores profissionais 24
História da ciência e modelo de currículo:
o caso da genética 29
História da ciência e ensino: analogias e metáforas 34
"Garimpo" na pesquisa educacional: níveis de análise 37
Perspectiva sociocultural 40

História da ciência e prática em sala de aula:
abordagem "bottom-up" 49
Últimas observações 53
Referências bibliográficas 54

Propondo semeaduras 61
— *Attico Chassot*
Referências bibliográficas 100

Parte II – Pontuando e contrapondo 103
— *Nelio Bizzo*
— *Attico Chassot*
Evolução biológica e religião 133
Criacionistas como criptoevolucionistas 136
Ateísmo cientificista 140
Ensino da ciência, ensino da religião e estado laico 142
Referências bibliográficas 152

Parte III – Entre pontos e contrapontos 155
— *Nelio Bizzo*
— *Attico Chassot*
— *Valéria Amorim Arantes*
Referências bibliográficas 190

Apresentação

*Valéria Amorim Arantes**

Este livro que ora lhes apresento — *Ensino de ciências* — inaugura uma nova fase da coleção Pontos e Contrapontos. Pensada para trazer ao âmbito educativo o debate e o diálogo sobre questões candentes do universo educacional, desde 2006 a referida coleção tem cumprido seus objetivos e jogado luzes sobre temas relevantes para os campos de conhecimento que sustentam as pesquisas e as práticas de educação. Os títulos nela já publicados — *Jogo e projeto, Inclusão escolar, Educação e valores, Educação de surdos, Educação formal e não formal, Educação e competências, Profissão docente, Alfabetização e letramento* e *Educação a distância* — não só perpassam distintos campos educativos como contribuíram para a construção e a reconstrução de novas fronteiras do conhecimento. *Ensino de ciências*, o

---

* É docente da graduação e da pós-graduação da Faculdade de Educação da Universidade de São Paulo.

décimo volume da coleção, inicia uma nova fase porque, sem perder esse espírito, volta-se para um campo específico do conhecimento.

Com uma visão interdisciplinar, os autores Nelio Bizzo, professor titular da Faculdade de Educação da Universidade de São Paulo, e Attico Chassot, professor de diferentes universidades do Rio Grande do Sul, abordam temas como a origem das espécies e do ser humano, o papel da Igreja na história da ciência, a dimensão social no desenvolvimento da ciência e dos conteúdos nas disciplinas científicas, as relações entre saberes populares e saberes científicos, a formação de professores de ciências no contexto brasileiro, o androcentrismo no campo científico, interdisciplinaridade, transversalidade e Aprendizagem Baseada em Problemas no ensino de ciências, entre outros.

A estrutura do livro segue a proposta de diálogo da coleção Pontos e Contrapontos, composta de três etapas diferentes e complementares. Na primeira delas, cada autor discorre livremente sobre o tema que lhe foi solicitado; no caso deste volume, sobre o ensino de ciências.

O texto de autoria de Nelio Bizzo que compõe a primeira parte do livro discorre sobre a história e o ensino de ciências. Advertindo-nos que o significado da história da ciência não é o mesmo para educadores e cientistas sociais, ao longo do texto Nelio faz uma síntese daquelas esferas em que a história da ciência é tida como útil para educadores e, na sequência, sinaliza possíveis intercâmbios entre os programas de ensino e de pesquisa historiográfica.

Já Attico Chassot apresenta um texto – "Propondo semeaduras" – construído com base em mensagens, consultas e comentários reais postados em seu blogue pessoal e, também, fruto de um diálogo estabelecido entre uma aluna e um professor. O fio condutor desse texto é, como o próprio autor nomeia, a educação científica para cidadania.

Na segunda parte do livro – Pontuando e contrapondo –, os autores formulam perguntas instigantes e provocativas aos seus interlocutores. Nesse contexto, Nelio questiona Chassot sobre a estrutura curricular e a extensão das disciplinas científicas, as "neopatias" da instituição escolar, a eterna tensão "generalista *versus* especialista" no ensino de ciências, aqueles saberes que podem garantir a alfabetização científica nos estudos que precedem a universidade e, ainda, sobre a "ciência masculina" e sua possível superação. As questões apresentadas por Chassot, centradas na evolução biológica (e suas consequências), abrem as portas para uma fascinante viagem científica e filosófica. Afinal, por que existimos? O que fazemos aqui? Qual o sentido da nossa passagem pela Terra? É passagem ou estada?

Na terceira e última parte do livro – Entre pontos e contrapontos –, na qualidade de coordenadora da obra e mediadora do diálogo, apresento quatro perguntas comuns aos dois autores. Nesse caso, com o intuito de trazê-los para o cotidiano escolar, proponho discutirem da eterna polêmica sobre os "conteúdos" a ser ensinados nas instituições escolares às mudanças que devem ser promovidas nos cursos de formação de professores de ciências no Brasil.

Para além de um instigante debate acadêmico, fruto de uma longa e respeitável trajetória acadêmico-científica dos autores, ao longo desta obra Nelio Bizzo e Attico Chassot apresentam-nos um conjunto de ideias em torno das quais podemos descobrir novas formas de ensinar ciências e de conhecer o mundo. O desafio está lançado.

PARTE I
Ensino de ciências

Nelio Bizzo
Attico Chassot

História da ciência e ensino da ciência: instrumentos para a prática e a pesquisa escolar[1]

Nelio Bizzo

O significado da história da ciência talvez não seja o mesmo para educadores e cientistas sociais. Na verdade, Brush (1989) debate um enfoque crítico do uso da história da ciência nas aulas de ciências, já que seria entediante mostrar experiências do passado e ideias que não são mais válidas. Limitar o ensino da ciência à sua história, segundo Brush, implicaria apresentar aos alunos uma caricatura da ciência, uma vez que o trabalho dos professores não pode ser reduzido à execução de uma lista de experiências realizadas no passado ou à leitura de definições de conceitos que talvez nem sejam mais válidos hoje.

---

1. Tradução, com permissão, do texto original "History, philosophy and biological education" (no prelo).

Essa queixa a respeito da imagem da escola ou, mais precisamente, das aulas de ciências, observada fora da comunidade de educadores de ciências, pode explicar em certo grau as tensões entre as duas comunidades, ou seja, a de educadores e a de cientistas sociais. Pretendo resumir as esferas em que a história da ciência é tida como útil para os educadores e sugerir algum intercâmbio entre os programas de ensino e de pesquisa historiográfica.

História da ciência como novo campo de conhecimento

O que hoje chamamos de história da ciência (HC) é um campo do conhecimento que se tornou disciplina acadêmica após 1945, juntamente com o desenvolvimento do ensino superior e a rápida expansão da ciência e da tecnologia. Na verdade, foi vista como consequência do surpreendente crescimento do conhecimento científico e da necessidade de ter acesso a informações úteis com rapidez e precisão. Para muitos cientistas do período posterior à Segunda Guerra Mundial, a HC constituiria um enorme repositório de informações que não seriam ciência de ponta, mas poderiam ser consideradas "becos epistemológicos", que talvez ensejassem um novo fluxo de pensamento criativo. A HC constituiria um repositório não apenas do conhecimento científico factual em si, mas também de maneiras de construir e transmitir representações científicas. De tal ponto de vista, isso evitaria que cada nova investigação fosse um esforço a partir do zero, ampliando a memória coletiva da comunidade científica.

Vale a pena recuperar algumas das palavras fundamentais do diretor da Secretaria de Pesquisa e Desenvolvimento Científico dos Estados Unidos, dr. Vannevar Bush, escritas ainda em 1945, em meio aos trabalhos relacionados com a guerra, em seu bem conhecido artigo "As we may think" [Como podemos pensar]:

Profissionalmente, nossos métodos de transmissão e análise dos resultados de pesquisa são velhíssimos e hoje totalmente inadequados à sua finalidade. Se o tempo total gasto na produção de trabalhos acadêmicos e em sua leitura [...], a relação entre esses tempos seria surpreendente demais. Aqueles que tentam conscientemente manter-se a par do pensamento atual, mesmo em áreas restritas, por meio de leitura detida e constante, poderiam muito bem esquivar-se de uma investigação destinada a mostrar quanto dos esforços do mês anterior estava prontamente disponível. [...] A dificuldade parece ser não tanto publicarmos indevidamente, tendo em vista a extensão e a variedade dos interesses atuais, mas sim que a publicação estendeu-se muito além da nossa capacidade de fazer uso real dos textos. O somatório da experiência humana tem-se expandido a um ritmo prodigioso, e o meio que usamos para atravessar o consequente labirinto até o item momentaneamente importante é o mesmo que se usava na época dos navios a vela. (Bush, 1945)[2]

Bush propôs o conceito de "memex", que significa *memory extension* (ampliação da memória), mostrando como era importante

---

2. Texto disponível em: <http://www.theatlantic.com/magazine/archive/1945/07/as-we-may-think/303881/>. Acesso em: 12 dez. 2012.

mudar a forma de armazenar e acessar a informação, inclusive a visual. Ele escreveu que "seria muito útil tirar uma foto e olhar a imagem imediatamente" – situação que, embora bastante corriqueira hoje quase ninguém acharia possível mais de meio século atrás. O rápido crescimento da ciência no pós-guerra deu uma nova perspectiva à HC, pois ficou claro que as fontes de informação da pesquisa histórica futura aumentariam drasticamente em pouco tempo.

Essa situação renovou o debate sobre as reconstruções da ciência, algumas das quais consideradas simplistas, preconceituosas e whigguistas[3]. Por um lado, alguns cientistas das ciências exatas afirmaram que a lógica da ciência do passado não foi abordada devidamente pelas ciências sociais e tendia a se assemelhar simplesmente a formas "lógicas", ou "epistêmicas", da HC. Por outro lado, alguns se queixaram de que o contexto social da ciência não recebia a devida abordagem no enfoque "epistêmico". Esses pontos de vista diferentes acabaram originando o chamado debate entre *internalistas* e *externalistas* na historiografia da ciência, iniciado em 1930. No contexto da historiografia da ciência, *externalismo* é a visão de que as mudanças no conhecimento científico resultam sobretudo do contexto social – o clima sociopolítico e a economia vigente determinam o progresso científico. O *internalismo* salienta o componente intelectual da iniciativa científica, o que seria diferente da aceitação de certa afirmação pela sociedade, como "Os seres humanos e os macacos têm um ancestral comum" ou "A Terra não é o centro do universo".

---

3. O "whiggismo" se refere à tendência de reconstruir o passado tomando o presente como referência, apresentando-o e justificando-o como uma decorrência inevitável (ver Prestes, 2010).

Entre 1904 e 1909, Emanuel Rádl (1873-1942) publicou sua *Geschichte der biologischen Theorien*, traduzida para o inglês em 1930 (*The history of biological theories* [A história das teorias biológicas], Oxford, 1930). Rádl reconheceu a importância do contexto social no processo de conceituação e evidenciou versões diferentes do mesmo sistema de ideias de acordo com o referencial teórico adotado. Por exemplo, o segundo volume de seu livro é quase todo dedicado à biologia evolutiva, e Rádl discorreu sobre duas versões do darwinismo: uma de Ernst Haeckel e a outra do próprio Charles Darwin (!). Ele admitiu que o trabalho de Darwin era, na verdade, uma espécie de "sociologia da natureza", em que ele simplesmente aplicou à natureza as ideias políticas dominantes na Inglaterra da época. Por exemplo, havia um paralelo evidente entre a economia de Adam Smith e a visão de uma natureza regida por agentes concorrentes. Todavia, não se tratou de uma tentativa de denunciar algum tipo de "impureza" descoberta no processo de teorização, pelo contrário. Rádl saudou o surgimento de um caráter biológico "democrático" regido pelas leis da natureza, na tradição de "matéria em movimento", sem as constantes intervenções de Deus presentes nos antigos sistemas aristocráticos de ideias.

Embora muitos historiadores descrevessem as ciências biológicas como uma ciência "histórica" tímida a partir do início do século 20, J. B. Bury (1909) escreveu:

> Da influência mais geral do darwinismo sobre o lugar da história no sistema do conhecimento humano, podemos recorrer à influência dos princípios e dos métodos com os quais Darwin explicou o desenvolvimento. Até escritores antigos (como Aristóte-

les e Plínio) haviam reconhecido que circunstâncias físicas (geografia, clima) eram fatores condicionantes do caráter e da história de uma raça ou sociedade. No século 16, Bodin enfatizou esses fatores, e muitos escritores posteriores os levaram em conta. As investigações de Darwin, que os trouxe para o primeiro plano, promoveram naturalmente tentativas de descobrir neles a chave principal do crescimento da civilização. Comte denunciara expressamente a noção de que os métodos biológicos de Lamarck poderiam ser aplicados ao homem social. Buckle reconhecera as influências naturais, mas as relegara a segundo plano, em comparação com os fatores psicológicos. Porém, a teoria darwiniana tornou a explicar o desenvolvimento da civilização como "adaptação ao ambiente", "luta pela existência", "seleção natural", a "sobrevivência do mais apto" etc.

Talvez o caso mais conhecido desse debate seja o do Segundo Congresso Internacional de Ciência e Tecnologia, realizado em Londres no final de junho de 1931. A delegação da União Soviética causou grande impacto com o artigo entregue por Boris M. Hessen (1893-1936)[4], "As raízes sociais e econômicas dos princípios de Newton", considerado um marco da chamada historiografia *externalista*. Hessen e seu grupo ressaltaram as forças econômicas e sociopolíticas que moldaram a ciência de Newton, tida havia muito como emblema da vertente *internalista*. Ele escreveu:

---

4. Boris Hessen, julgado em sigilo por motivos políticos na União Soviética e executado em 1936, foi reabilitado postumamente 20 anos depois, após a era de Stálin.

As teorias históricas anteriores examinaram apenas os motivos ideológicos das atividades históricas dos seres humanos. Consequentemente, não conseguiram revelar as verdadeiras origens desses motivos e achavam que a história fosse conduzida pelos impulsos ideológicos dos homens individualmente, impedindo assim uma maneira de reconhecer as leis objetivas do processo histórico. "A opinião governou o mundo." O curso da história dependia dos talentos e dos impulsos pessoais do homem. O indivíduo criava a história. (Hessen, 1931, p. 42)

O desenvolvimento das forças econômicas é que teria impulsionado a ciência, o trabalho de Newton poderia ser explicado em termos da necessidade de aumentar a produção e a distribuição de bens. Outras obras tentaram apresentar um ponto de vista contrário, sublinhando o conteúdo intelectual, o caráter racional da ciência e sua natureza cumulativa, sem qualquer paralelo com a mudança social. O desenvolvimento da ciência seria então considerado predominantemente linear e gradual.

Em certa medida isso explica a razão do enfraquecimento desse debate após a publicação do livro inspirador de Thomas Kuhn *The structure of scientific revolutions* [*A estrutura das revoluções científicas*], em 1962. Apesar do fato de ele próprio ter sido aluno – considerado mesmo discípulo – de um *internalista* bem conhecido (Alexandre Koyré) que publicara um livro muito influente sobre os fatores internos e os aspectos metafísicos do desenvolvimento das obras de Galileu (*Études galiléennes*, 1939), Kuhn reconheceu o papel das influências sociais no desenvolvimento da ciência. Na perspectiva kuhniana, a própria base do conhecimento científico seria substituída durante breves períodos revolucionários. A esses períodos se seguiriam outros caracterizados pela estabilidade, nos quais haveria um crescimento cumulativo do conhecimento, e haveria um tempo com alguma instabilidade antes de outro período revolucionário chegar. A ideia de um desenvolvimento gradual foi profundamente questionada.

Apesar das críticas que o modelo kuhniano enfrentou, ele abriu espaço para uma abordagem mais equilibrada da HC. Embora estudiosos de fora da comunidade de historiadores acadêmicos geralmente se refiram ao embate *internalista-externalista*, as ciências sociais tendem a considerar ambas as explicações formas complementares de compreender as mudanças na ciência. As representações na ciência tornaram-se campo de pesquisa importante depois de crítica profunda questionar a visão kuhniana da integridade do que então se chamava *paradigma* – o conjunto de conceitos interligados que formava a base do conhecimento científico. Tais conjuntos não necessariamente ficariam em pé ou cairiam como um todo, como na revolução copernicana (ver, por exemplo, Toulmin, 1972). Ao mesmo tempo, foram apontadas influências externas à ciência na origem das ideias científicas, como na revolução darwiniana (ver, por exemplo, Gale, 1972).

O campo da História das Ideias, estudado por uma comunidade similar, mas não idêntica à de historiadores acadêmicos, proporcionou mais evidências da necessidade de uma abordagem equilibrada da HC nessa perspectiva internalista/externalista. A teoria kuhniana admitia que os conceitos eram a base da percepção, uma vez que as pessoas que compartilham certos conceitos costumam ter percepções semelhantes – em outras palavras, diferentes grupos sociais podem não concordar com o que constitui evidência relevante para sustentar certas crenças sobre a natureza, já que podem não perceber a evidência do mesmo modo. Isso significa que as "visões de mundo" eram tão importantes quanto as explicações racionais, já que a produção de sentido dependeria de ambas. Por exemplo, um dos principais problemas enfrentados pela perspectiva darwiniana teria sido a ideia da harmonia no mundo natural, que era um componente importante da teologia natural. Uma adaptação perfeita às circunstâncias existentes era tida, havia muito tempo, como prova da perfeição da Criação e chegava a ser uma das provas elencadas por São Tomás de Aquino sobre a existência de Deus. O próprio Darwin reconheceu que seus pontos de vista sobre a adaptação foram, de início, profundamente influenciados pela teologia natural de William Paley, que enxergava perfeição em cada detalhe do mundo natural. Um mundo imperfeito, regido pelo acaso, não fazia parte do meio cultural da época de Darwin no mundo ocidental (ver, por exemplo, Greene, 1981).

Assim, a HC tornou-se intimamente ligada à sociologia da ciência em virtude desse enfoque duplo, o que torna igualmente importantes fatores internos e externos na mudança do conhecimento, nas dimensões social e pessoal. Como afirma o saudoso John Ziman (1978, p. 9),

> [...] nenhum cientista é um instrumento de observação e conceituação desencarnado; é um ser humano consciente, nascido e criado na vida comum de sua época. Muito tempo antes de lhe ensinarem sobre elétrons, genes e fraternidades exogâmicas, ele adquiriu experiência prática com caçarolas e panelas, gatos e cachorros, tios e tias. Embora esses objetos mundanos raramente sejam discutidos como tais na ciência de alto nível, eles não estão excluídos de sua esfera. Por mais fantástico que possa parecer em seus rincões mais selvagens, por definição o consenso científico inclui o prosaico e deve ser coerente com a realidade cotidiana.

Essa dimensão "mundana", como John Ziman a chama, faz parte do meio cultural de determinada época, que é importante, pois a ciência é regida, em certa medida, pelo consenso. O desafio epistemológico da ciência não diz respeito apenas às maneiras como os cientistas adquirem sua visão de mundo, mas também até onde eles acham objetivamente que o mesmo conjunto de provas sustenta seus pontos de vista comuns e, além disso, se podem existir alternativas imagináveis suficientemente fortes para pôr em dúvida as suas opiniões.

O conhecimento científico não pode ser encarado como "verdade absoluta", por várias razões (inclusive a produção social de consenso), e é vulnerável ao erro de duas maneiras. Em primeiro lugar, um acordo intersubjetivo raramente é rigoroso e admite crenças equivocadas, que, embora preservadas coletivamente, podem se mostrar falsas, no sentido de não explicarem novas evidências trazidas à baila. Segundo e mais importante, as crenças da comunidade científica podem ser "ilusões autossustentáveis", para usar as palavras de Ziman, no sentido de que os cientistas são quase sempre deliberadamente preparados para uma atitude particular em relação a fenômenos naturais e não tão receptivos a opiniões diferentes como alguns gostariam que fossem (Ziman, 1978, p. 8). Portanto, a mudança é inerente à iniciativa científica, no sentido de que os paradigmas científicos, ou "imagens do mundo", mudam com o tempo.

Ciência e história: tensões

Esse panorama da HC surgiu no final do século 20, depois de algumas tensões entre comunidades diferentes. Como afirmou

Brush, "historiadores profissionais da ciência, por se considerarem historiadores e não cientistas, criticaram cientistas por promover o *whiggismo*, e alguns deles superestimaram o contexto social em detrimento do conteúdo técnico da ciência", mas a HC teria "começado a reconstruir as pontes para a ciência" (Brush, 1989, p. 70).

O ensino de ciências tem relação com a expansão dessas opiniões compartilhadas e moldadas pelos cientistas em direção a um grupo maior de pessoas. A história e a filosofia da ciência enfim entraram em acordo com o ensino de ciências antes do final do último século (Matthews, 1990). A assim chamada "visão tradicional", que se encontra em textos bem conhecidos de John Dewey, Jerome Bruner e James Conant, sustentou por muito tempo que os estudantes tinham contato com as raízes do conhecimento científico, como se isso propiciasse motivação e contexto para a compreensão de ideias mais complexas. No entanto, a questão era: "história da ciência de quem?". Não havia consenso aparente entre os educadores, cientistas "hard" e cientistas sociais.

Essas "visões tradicionais" diferiam significativamente das mais recentes "teorias de recapitulação", que costumavam fazer paralelos entre a construção de conceitos na história e na mente de um aluno presente. Elas ajudaram a traçar perspectivas interessantes, porém enfrentaram sérias restrições desde o início (Bizzo, 1992a). Piaget e Garcia (Psicogênese e história da ciência, 1987, p. 39), por exemplo, que investigaram esses paralelos, não reconheceram uma correspondência entre o *conteúdo* do que os cientistas pensavam no passado e o que os alunos pensam hoje, mas sim nos *processos* existentes na mudança nos modos de pensar. Em todo caso, não é *possível*, *viável* nem *desejável* recapitular o processo histórico (Nersessian, 1992, p. 54). Entretanto, isso não significa que a HC não tenha importância alguma para o ensino. Ao contrário, ela tem sido considerada de grande relevância para os três temas principais do ensino de ciências, geralmente chamados de "ideias sobre ciência" (IAS, na sigla inglesa). Juntamente com a prática da ciência, no sentido de aplicá-la a situações reais, e a investigação científica ("science education as enquiry" como é chamada na literatura de língua inglesa), relacionada com o entendimento dos métodos da ciência, a HC pode colaborar muito para o ensino da natureza da ciência (NOS, na sigla inglesa), como veremos adiante (Osborne *et al.*, 2003).

Professores de ciências e historiadores profissionais

Numa perspectiva mais recente, a evolução histórica do conhecimento científico seria apresentada aos alunos de forma explícita, a fim de permitir o entendimento do progresso da ciência e saber "as formas e as proporções em que tais avanços foram influenciados pelas demandas e expectativas da sociedade em diferentes momentos da história" (Osborne *et al.*, 2003, p. 706). Isso significa que a abordagem sociológica da história e da filosofia parece ser tão importante para os educadores quanto para os historiadores.

É importante reconhecer que o longo conhecimento científico adquirido no passado não é necessariamente relevante hoje para o entendimento da ciência. Por exemplo, na escola moderna, a compreensão do sistema ptolomaico não é necessária numa aula sobre o modelo heliocêntrico. Contudo, se alguém ler Copérnico em fontes primárias (por exemplo, *De revolutionibus or-*

bium cœlestium ou *Comentariolus*), depara com a terminologia de Ptolomeu, de modo que se torna necessário conhecer o sistema ptolomaico. "Ele escreveu suas obras para astrônomos de sua época, e não para nós", comentou Roberto Martins na Introdução à sua tradução de *Comentariolus* (Martins, 2003, p. 27) – seus colegas astrônomos seguiam o único sistema que lhes permitia prever fenômenos astronômicos. Até mesmo as justificativas do passado podem não ter importância alguma hoje. Por exemplo, as razões da devoção de Copérnico pelo movimento circular uniforme podem não ser bem compreendidas no século 21, pois remontam aos antigos filósofos gregos e estavam ligadas à ideia de perfeição. "No caso do movimento da Terra em torno do Sol, por exemplo, Copérnico utiliza um círculo excêntrico, sem epiciclo (como Ptolomeu e, antes dele, Hiparco utilizaram para explicar o movimento do Sol)" (Martins, 2003, p. 82).

Encontra-se outro exemplo nas obras de Charles Darwin. Não é necessário entender a teoria de Lamarck ou Buffon, por exemplo, numa aula sobre evolução hoje em dia. No entanto, se alguém ler as obras do próprio Darwin, certamente verá que existem mais explicações para a mudança evolutiva do que a seleção natural. Quando ele próprio escreveu que seus pontos de vista diferiam dos de Lamarck, não se referiu à herança de características adquiridas, mas sim à tendência de mudança gradual no sentido do aprimoramento de caracteres, a "progressão dos animais", como foi denominada (Martins, 2007). Da perspectiva lamarckiana, o coração de um mamífero seria muito melhor que o de um lagarto ou de um sapo[5].

---

5. Isso não significa que Darwin teria um ponto de vista surpreendentemente diverso a esse respeito, mas o argumento é *a priori*. Não quer dizer que órgãos

Os historiadores têm de lidar com uma ampla gama de formas de concepção do mundo natural a fim de produzir narrativas históricas. Todavia, numa aula de ciências, essa gama necessariamente precisa ser reduzida. Esse "efeito gargalo" reduz o leque de questões da HC para uso em sala de aula e, portanto, pode levar a uma história falsa ou, mais precisamente, à "pseudo-história", como escreveu Douglas Allchin (2004, p. 186) ao referir-se a ela no contexto do ensino de ciências:

> É claro que o professor de ciências não pode se tornar historiador profissional. Ainda que os professores certamente devam se preocupar com a precisão histórica, meu foco principal aqui não é inexatidão histórica. [...] Minha preocupação, no entanto, não é a falsa história em si, mas a *pseudo-história*. A pseudo-história transmite ideias falsas sobre o processo histórico da ciência e da natureza do conhecimento científico, ainda que baseadas em fatos reconhecidos. Relatos incompletos de acontecimentos históricos reais que omitem o contexto podem ser enganosos, mesmo que almejem exagerar as contribuições de um indivíduo, minimizar o papel do acaso ou de erros, simplificar o processo de investigação, disfarçar motivações nada nobres, ocultar o efeito de valores pessoais ou culturais [...]. Eles transformam a ciência real numa ciência idealizada imaginária. Essa seleção enganosa travestida de história responsável chama-se, justificadamente, *pseudo-história*.

---

diferentes tenham a mesma eficiência em classes diferentes de animais, como os pulmões: um pulmão de ave é muito mais eficiente que o de um mamífero.

Em uma aula de ciências não é fácil resumir uma história longa sobre a obra de Darwin – ou de Copérnico ou de Galileu – sem o risco de apresentar um relato fragmentário, que omite certas partes do contexto, ou sem simplificar o processo de investigação. A produção de narrativas históricas para fins didáticos é um processo em que a história deve ser reescrita, e é necessário omitir (deliberadamente) acontecimentos relevantes. Afinal, "ciência real" e "ciência idealizada imaginária" podem não ser entidades tão claras quanto alguns acreditam.

A bibliografia recente sobre o assunto tende a identificar a "ciência real" com uma perspectiva realista da natureza da ciência, no sentido de que o ensino de ciências não se restringe a fatos e conceitos, mas também trata do entendimento e da prática dos processos existentes na produção do conhecimento científico. Isso quer dizer que a ciência precisa ter relação com a observação e a inferência a fim de se estabelecerem teorias, sem deixar de lado a base empírica da investigação científica, que demanda imaginação e criatividade. Contudo, a ciência tem de ser vista como uma forma provisória e subjetiva de conhecimento, social e culturalmente incorporado (Lederman, 2004; Lederman e Lederman, 2005).

A história da ciência está sempre ligada a "imagens do mundo", e os educadores podem se ver em apuros não exatamente por lidar com uma ciência idealizada, mas por essas imagens não estarem de acordo com aquelas que os cientistas aprovam. Pesquisadores sugeriram recentemente que se deve abandonar a HC no ensino da genética, uma vez que as abordagens mais modernas da hereditariedade levam a uma visão essencialmente distinta da tradicional quanto ao papel dos genes nas características biológicas (Dougherty, 2009). As pessoas terão contato cada vez maior com uma grande quantidade de informação sobre os seus genes e deverão entendê-la em uma moldura teórica inteiramente diversa da visão determinista tradicional. A prática da genética será uma tarefa real concreta para pessoas comuns, que terão de lidar com informações sobre a sua vida. A imagem do mundo que os geneticistas têm hoje é diferente da que Gregor Mendel concebeu em 1865[6]. Ou seja, a genética não mendeliana deveria ser considerada com seriedade pelos criadores do currículo escolar[7].

Esse exemplo mostra que até o mais sólido conhecimento científico é tão confiável como produto quanto qualquer verdade científica recente o seria, mas mesmo assim pode mudar drasticamente num intervalo de tempo relativamente curto. Isso realça a importância da HC para a educação, uma vez que diferentes "imagens do mundo" surgem continuamente e constituem um repositório de formas alternativas de conceber o mundo natural. Claro, o simples fato de apresentar aos alunos o modo como um cientista resolveu problemas relevantes em determinado contexto sociocultural não significa que eles poderão descobrir novas maneiras de elaborar uma representação científica. Contudo, como argumentou Nersessian (1992), os processos históricos podem servir de modelo para a aprendizagem em si. Essa nova perspectiva lança luz não só sobre a relevância da HC para a pesquisa educacional como também para a prática em sala de aula.

---

6. Ver, por exemplo, http://learn.genetics.utah.edu/.
7. Ao argumentar que a ciência não é uma verdade absoluta e ao mesmo tempo apresentar resultados de que não se pode duvidar, Ziman (1978, p. 9) usou o exemplo da genética: "Quem duvidaria da credibilidade da genética mendeliana, hoje inteiramente confirmada no âmbito molecular por meio da decifração do código genético?"

História da ciência e modelo de currículo: o caso da genética

Existe outro motivo particular pelo qual a HC é relevante para a educação: a elaboração do currículo. Vários aspectos do currículo de ciências são influenciados e esclarecidos pela história – como a sequência da apresentação de conceitos. Num curso de física, por exemplo, a disciplina "Física I" sem dúvida aborda a obra de Galileu e Newton e certamente não a de Einstein. Como afirmamos com relação aos sistemas de Ptolomeu e Copérnico, não é necessário resgatar velhas ideias para aprender as novas. O mesmo raciocínio mostra que o passado não pode ser visto como um tempo em que as coisas eram mais simples e fáceis. Como já afirmei, a ideia de um passado mais simples é muito whiggista (Bizzo, 1992a) e, afinal, não é justo considerar a HC uma mera cronologia de fatos cumulativos.

Pode-se observar outro exemplo nas interações entre genética e evolução. Embora o próprio Gregor Mendel não possa ser visto como um cientista que tentou solucionar o problema da hereditariedade, em lugar da hibridização e do estudo da distinção entre espécies e variedades (Lorenzano, 1998), a biologia escolar em todo mundo adota um enfoque histórico no ensino de genética. Um livro muito importante publicado no início do século passado lamentava o fato de Charles Darwin nunca ter ouvido falar de Mendel: "Se o trabalho de Mendel tivesse chegado às mãos de Darwin, não seria demais dizer que a história do desenvolvimento da filosofia evolutiva teria sido bem diferente da que temos presenciado" (Bateson, 1902, p. 39). Em outra edição do livro, sete anos depois, ele não só repetiu a frase como ainda sublinhou o mesmo argumento, acrescentando outro comentário semelhante (Bizzo e El

Hani, 2009). Certamente essa era a primeira vez que se apresentava ao público tal versão histórica, que desde então tem influenciado educadores, sobretudo na área de elaboração do currículo. Como já dissemos em outra obra:

> Em muitas fontes, lê-se que "faltava" a Darwin uma teoria da hereditariedade, e, portanto, ele não era capaz de chegar a um ponto de vista mais apurado sobre a evolução biológica. De acordo com essa posição, a escola pode fornecer uma base prévia para o estudo da hereditariedade, de modo que os alunos – ao contrário de Darwin e, assim, evitando as dificuldades que ele teve – poderiam começar a estudar a evolução com uma bagagem apropriada de genética. (Bizzo e El-Hani, 2009, p. 108)

Essa versão não se restringe a leigos ou ao público escolar, mas também existe entre acadêmicos. Por exemplo, Ernst Mayr (1991, p. 109) afirmou que "Darwin nunca ouviu falar do trabalho de Mendel e nunca foi capaz de resolver a questão", opinião que também se encontra na França (Giordan, 1987). Mais recentemente apareceu outra versão da mesma ideia, referindo-se a uma suposta cópia "não aberta"[8] do ensaio de Mendel encontrada nos arquivos de Darwin, mas não lida. Além disso, a nova versão acres-

---

8. No século 19 os editores ingleses inventaram o livro não completamente cortado, no qual o próprio leitor tinha de cortar algumas páginas para forçar os "leitores de livraria" a comprar os livros expostos que folheavam nas prateleiras. Assim, essa versão se refere a uma separata "não cortada" do trabalho de Mendel, o que não encontra nenhuma referência em fontes históricas confiáveis, mesmo porque o local e o tipo de publicação eram inteiramente diversos.

centava que, se Darwin a tivesse lido com atenção, "a biologia evolutiva teria sido antecipada em pelo menos três décadas" (Rose, 2000, p. 43).

Nós investigamos o argumento e concluímos que a HC não corroborou essa versão, daí dever-se descartar a justificativa de que o currículo tradicional se baseou em relatos historicamente precisos do desenvolvimento da ciência. O argumento tradicional é o seguinte:

> Darwin não detinha o referencial teórico da genética mendeliana e portanto não foi capaz de desenvolver a chamada síntese da evolução, algo que viria a ser possível nos anos 1930. Então, a escola apresentaria aos alunos uma ponte epistemológica, mostrando a ligação direta entre o trabalho de Mendel e o de Darwin. Assim, quando começarem a estudar a evolução, os alunos já terão assimilado o que faltou a Darwin em sua época, ou seja, a genética mendeliana. O ambiente escolar seria, portanto, apresentado como uma "via rápida" no que diz respeito à elaboração do currículo, visando à compreensão da evolução biológica. Acreditamos que esse argumento seja falacioso, sem evidência comprovada, tanto do ponto de vista histórico quanto do da psicologia cognitiva. (Bizzo e El-Hani, 2009, p. 111)

Em decorrência do processo de ensino, a compreensão da evolução biológica é muito pobre em vários lugares do mundo (ver uma revisão em Hokayem e BouJaoude, 2008), e é bem possível que a organização do currículo possa desempenhar um papel significativo nessa situação. A escola apresenta ao aluno as obras de dois cientistas e afirma que elas são complementares. No entanto,

Mendel e Darwin não puderem perceber na época quanto seus pontos de vista eram compatíveis. O próprio Darwin fez experiências com várias espécies, inclusive ervilhas, e publicou resultados muito semelhantes aos de Mendel, tendo atingido a proporção de 3:1 em gerações F2. Seus experimentos com bocas-de-leão mostraram que a primeira geração produziu plantas comuns, ao passo que, na segunda geração, "de 127 mudas, 88 mostraram ser bocas--de-leão comuns", como se esperaria do ponto de vista mendeliano, e 37 eram perfeitamente pelóricas[9], tendo retomado a configuração do avô" (Darwin, 1868, p. 70-1). O traço recessivo reapareceu na geração F2, segundo a opinião de Darwin, em decorrência de "reversão", tipos de mudança na partícula, que "saltaria" para uma condição anterior, como a do avô. Isso significa que os elementos hereditários eram muito flexíveis no quadro conceitual de Darwin. Mendel, ao contrário, trabalhou com a ideia de que os elementos se transmitiam inalterados no decorrer das gerações. Em outras obras, Darwin mostra acreditar na "herança mole", enquanto Mendel trabalhava com um modelo rígido de "herança dura". Darwin e Mendel consultaram os mesmos autores, na mesma época, projetaram experimentos similares, obtiveram resultados essencialmente iguais, mas chegaram a conclusões inteiramente distintas, o que expõe de maneira clara uma faceta intrínseca ao empreendimento científico: "Ao observar a natureza, e mesmo ler um texto, é impossível que o cientista deixe de projetar suas convicções e interesses" (Bizzo, 2012, p. 131).

---

9. A "peloria" era considerada uma forma anômala. No caso das flores boca--de-leão, a anômala (caráter recessivo, segundo Mendel) e a comum (caráter dominante) são hoje conhecidas como flor zigomorfa e radial.

Essa visão de mundo essencialmente diversa já foi apontada inclusive como a razão de o trabalho de Mendel ter passado despercebido por muito tempo.

Quando folheamos as páginas dos "Anais" que contêm o ensaio de Mendel [referindo-se ao de 1866], descobrimos um motivo a mais (provavelmente o principal) para sua obra ter sido tão pouco compreendida tanto na Sociedade de Brünn para o Estudo da Ciência Natural quanto pelo público científico em geral daqueles tempos. Observamos que, no mesmo encontro em que o ensaio de Mendel foi lido, o professor Alexander Makowsky, um dos principais membros da sociedade, refere-se com todo entusiasmo à teoria da origem das espécies de Darwin [...] cujo tema deve ter conquistado a mente dos biólogos [...] uma vez que a consciência da época estava inteiramente tomada pela enxurrada de ideias existentes na teoria darwiniana e suas consequências, as pessoas não se davam ao trabalho de abrir um espaço na cabeça para as ideias profundas e peculiares de Mendel, muito embora elas dissessem respeito a um campo análogo. (Iltis, 1966, p. 178)

Esta explanação não pretende explorar em detalhe o destino do trabalho de Mendel, mas salientar que a HC pode ser relevante também para a elaboração do currículo. Dois cientistas não perceberam que suas obras poderiam ser complementares; um público qualificado mais amplo também não conseguiu ver de imediato as ligações entre elas. Todavia, os professores da educação básica são levados a acreditar que tal tarefa seja fácil para os jovens estudantes de hoje. Talvez essa crença não seja precisa do ponto de vista histórico, fatual e epistemológico. Assim, a HC pode ser usada pelos educadores no planejamento das aulas de ciências, observando alguns dos problemas originais que as teorias enfrentaram, os quais provavelmente aparecem – ao menos em certo sentido – quando elas são ensinadas hoje.

Além disso, vale a pena notar que, nesse caso, a HC produziu opiniões diferentes sobre o trabalho dos mesmos cientistas. A história da ciência não apresenta "julgamentos finais" dos cientistas do passado nem um relato "objetivo" da vida de um cientista, mas continua a gerar novas revelações e diferentes maneiras de interpretar o passado. Essa característica dinâmica da HC depende, em certa medida, do esforço de investigação empreendido. Por exemplo, a ciência do século 18 é muito menos estudada do que a mais recente, para não falar da ciência árabe e assim por diante. Com o avanço dos novos estudos, lança-se uma nova luz sobre campos desconhecidos, o que pode revelar novas maneiras de pensar do (no) passado. A ponte entre a HC e o ensino pode ser mais ampla do que se pensava e admitir trânsito em ambos os sentidos, como veremos a seguir.

História da ciência e ensino: analogias e metáforas

Voltando ao contexto dos primórdios da HC como disciplina acadêmica, no período pós-1945, ela foi proposta como uma espécie de repositório do conhecimento fatual para os cientistas. No entanto, mais recentemente se propôs um novo papel para ela. Não apenas fatos e teorias, mas também os processos de construção, alteração e comunicação das representações científicas seriam importantes para os educadores. Como afirma Nancy Nersessian (1992, p. 54):

> Ao tentar compreender as práticas construtivas dos cientistas, os educadores encontram-se em melhor posição para conceber estratégias explícitas e levar os alunos a elaborações próprias das representações científicas existentes. O exame da história das mudanças científicas permite discernir os processos específicos que geram novas estruturas conceituais científicas e os meios pelos quais aqueles que as criaram possam transmiti-las aos outros, isto é, ensinar outros cientistas a construí-las por si sós. A recomendação, portanto, é "garimpar" os dados históricos – publicações, diários, cadernos e correspondência – para essas práticas e então incorporar aos nossos procedimentos instrucionais o que aprendemos sobre como os cientistas chegaram à mudança conceitual.

Os procedimentos de ensino podem buscar na HC paralelos entre as formas como os cientistas mudaram sua concepção dos fenômenos e as mudanças esperadas na mente dos alunos. Nancy Nersessian contou que suas investigações das principais "revoluções" conceituais na Física levaram ao uso consecutivo de procedimentos heurísticos, citando a analogia entre eles. Eles permitiriam aos cientistas abstrair as estruturas conceituais existentes, criando outras genuinamente novas. Entretanto, existe uma extensa bibliografia sobre o uso da analogia no ensino de ciências, a qual recomenda certa cautela, embora esteja claro que a compreensão de fenômenos abstratos pode se apoiar nas referências concretas motivadas pelas analogias.

Os professores de ciências costumam usar analogias para tornar compreensíveis questões obscuras para os alunos, mas não se pode dar como favas contadas uma interpretação consensual dos fenômenos particulares sob análise porque muitos atores sociais importantes não concordarão com isso. Assim, as analogias poderiam ser um recurso importante não exatamente para gerar referências concretas, mas para criar engajamento no aprendizado. Desse ponto de vista, o significado na ciência, tanto para o aluno como para o professor, derivaria do discurso, em vez de ser independente dele (Heywood, 2002). A ciência é, como afirmou John Ziman (2000, p. 150), essencialmente um grupo de modelos teóricos que atuam por meio de analogias e metáforas.

É claro que mapas, modelos, metáforas, temas científicos e analogias não são apenas recursos do pensamento ou figuras de linguagem. São da própria substância da teoria científica. Como fontes de significado e entendimento, estão em pé de igualdade com representações verbais explícitas e simbólicas.

Como foi mencionado anteriormente, a comunidade científica funciona na base da "cossensibilidade" e da "consensualidade", por meio de comunicação inequívoca (Ziman, 1978), que raramente abrange a comunidade educacional, a qual tem regras e tradições específicas.

Desse modo, as analogias podem desempenhar papéis muito diferentes para cientistas e educadores. Como argumentei em outra obra (Bizzo, 1993), as analogias podem motivar na mente do cientista uma estrutura conceitual inteiramente nova, em especial ao ligar campos semânticos diferentes. Segundo essa visão, o significado de uma palavra ou grupo de palavras em um discurso depende em parte de sua relação com outras palavras da mesma área conceitual. No pensamento científico criativo, a correlação entre referências mundiais macro e micro pode levar a reflexões completamente novas – por exemplo, a comparação de um sistema planetário com a estrutura atômica de um elemento químico. No entanto, no ensino de ciências, uma analogia que aborde referências concretas de campos semânticos diversos pode ocasionar problemas para a compreensão do aluno, como simplificação exagerada. Por exemplo, é muito comum apresentar as placas tectônicas como pedaços sólidos da crosta terrestre que flutuam sobre lava líquida em células convectivas, imagem tão comum nos livros de ciências quanto imprecisa (King, 2010). Qualquer previsão do que acontecerá com o nível de água em um pequeno copo de plástico com um furo feito por um alfinete certamente estará errada se referida a recipientes de escala maior. Nesse caso, uma referência concreta não ajuda, pois os principais elementos para compreender o fenômeno pertencem a áreas conceituais diferentes.

"Garimpo" na pesquisa educacional: níveis de análise

A recomendação para "garimpar" dados históricos, entre eles materiais esparsos, como publicações, manuscritos inéditos, correspondência etc., pode abrir um extenso campo para educadores e historiadores, que os levaria a se empenhar num método mais específico para descobrir áreas prioritárias de pesquisa. Assim como nenhum mineiro procura ouro a esmo, mas apenas nos lugares mais suscetíveis de produzir aquilo que ele busca, não haveria sentido algum vasculhar diários de cientistas, obras publicadas e inéditas etc. sem uma razão específica. Nosso grupo de pesquisa desde os anos 1980 está desenvolvendo um método para apontar as obras antigas mais relevantes para o ensino atual, com base em três níveis de análise.

O primeiro nível é o desempenho escolar dos alunos. Como mencionado antes, se os alunos não conseguem compreender os procedimentos de determinada área, há uma questão em aberto. É bem possível que a competência profissional do professor, a capacidade cognitiva do aluno, o ambiente escolar, o material de apoio, como livros didáticos, desempenhem um papel significativo no baixo aproveitamento dos alunos. No entanto, é importante levar em conta também a própria organização do tema em si, entendendo-o como outro artefato cultural. Como expus a respeito do caso das relações entre Mendel e Darwin, genética e evolução, a escola pode ter aderido a uma versão muito tendenciosa, quando não whiggista, do desenvolvimento histórico do conhecimento científico. Em razão da responsabilidade da educação, existe uma longa tradição de culpar os professores pelo baixo desempenho escolar dos alunos. Antes disso, porém, era comum culpar os próprios alunos, por traços psicológicos, influências familiares, desnutrição etc. Uma abordagem sociológica recomendaria analisar a situação de uma perspectiva mais ampla, levando em conta várias influências diferentes, inclusive a constituição do corpo de conhecimentos apresentados aos alunos. Isso pode ter-se transformado em variável significativa, a ser inteiramente avaliada, como parte de um processo mais amplo de "reconceptualização social" (Bizzo, 1994).

O segundo nível de análise é a compreensão do aluno de uma área temática. Os alunos constroem modelos lógicos que articulam tanto influências socioculturais, inclusive procedimentos de ensino formais e informais – como textos, imagens e discursos –, quanto evidências diretas e indiretas disponíveis. Se o pesquisador der ouvidos ao aluno, é bem provável que se revele uma produção nova de significados e relações entre conceitos e evidências. Há uma vasta bibliografia sobre as concepções estudantis, considerada muito importante para a prática do ensino e a pesquisa educacional (ver Limón e Mason, 2009), que mostra a rica "ecologia intelectual" da sala de aula. Na comunidade educacional existe o consenso de que explicitar as concepções dos alunos seja um primeiro passo para, entre outras coisas, a elaboração de planos de aula.

Adotando uma perspectiva sociocultural, reconhecemos diferentes tipos de contribuição. Isso quer dizer que um aluno sem contato direto com determinado fenômeno vai construir representações com base em evidências indiretas, como relatos de outras pessoas, literatura, cinema etc. No entanto, as pessoas com contato direto com a prova produzirão o que chamamos de "discurso de primeira mão", na forma de representações ricas e convincentes, com exemplos concretos, provenientes da experiência pessoal. Como vimos nos modelos de herança, familiares com doenças herdadas têm métodos muito requintados para explicar o modo como certa característica atravessa gerações, enquanto outras pessoas com histórico familiar mais saudável podem ter formas mais simples (Santos e Bizzo, 2005).

O terceiro nível de análise contém uma perspectiva antropológica e dá importância ainda maior ao contexto sociocultural, encarando as representações dos alunos não como resultado individual, mas como construção social. Isso significa que, a fim de conhecer as concepções dos alunos, é necessário estudar as diversas influências a que eles são submetidos. Por exemplo, muitos "equívocos dos alunos" descritos na bibliografia do ensino de ciências foram encontrados em livros de ciências (Franzolin e Bizzo, 2008; King, 2010), anúncios de TV e filmes populares (Jordão, 2006). Embora não exista comprovação alguma de que a ciência apresentada em filmes possa corrigir ideias equivocadas sobre a pesquisa científica e questões de saúde pública (ver, por exemplo, Secker, 2001), é bem possível que o cinema e a TV desempenhem um papel significativo no reforço e na consolidação de crenças comuns[10].

Perspectiva sociocultural

Incluímos nesse nível de análise a investigação sobre como a comunidade concebe certo fenômeno, que pode ser uma forma despercebida de influência nas concepções dos alunos. Por exemplo, ao realizar entrevistas com estudantes jovens em locais com abundância de fósseis, procuramos saber como a comunidade representava os animais do passado. Numa região no Nordeste do Brasil onde existem vestígios significativos de fósseis do Cretáceo, na Chapada do Araripe, ocorrem constantes escavações comerciais para a fabricação de cimento e pedras de revestimento. Nas pedreiras de onde são extraídas as lajes de calcário, há um grande número de fósseis raros e bonitos, dando fama mundial ao lugar. "Fossil Konservat Lagerstätte" é o termo pelo qual é designado um depósito conheci-

---

10. Ver por exemplo, como os equívocos sobre insetos são disseminados pela literatura e pelo cinema em www.umass.edu/ent/BugNetMAP/r_misconcept.html.

do pela preservação excepcional de organismos fossilizados, cujas partes moles se conservaram na forma de impressões ou moldes. Ele se mostrou "um dos conjuntos mais diversificados, e bastante conhecido, de uma biota terrestre do Cretáceo" (Martill *et al.*, 2007, p. 4).

Em um período de pesquisas nesse lugar, descobrimos evidências não notadas de representações sociais sobre o tempo geológico na cultura local. Os artesãos vendem pedras de pavimentação com imagens de fósseis gravadas. Ao contrário da primeira impressão, de que seriam meros suvenires falsificados para tapear turistas, trata-se de representações artísticas que reproduzem o entendimento do artesão sobre o significado dos fósseis. Seu valor e importância científica estariam na beleza intrínseca da forma. Essas gravuras são vendidas na própria casa do artesão, que se orgulha de dizer que são feitas à mão, mostrando imagens não apenas de fósseis conhecidos, como escorpiões, libélulas e insetos, mas também dinossauros do *Jurassic Park* e até papagaios, ignorando-se a escala em todas as figuras (1a e 1b).

Figuras 1a e 1b.
Imagens gravadas produzidas na região da Formação Crato (Brasil).

Essas recordações expressam o entendimento local do significado dos fósseis, não como prova do que era a vida há cerca de 100 milhões de anos, no Alto Cretáceo, mas como formas bonitas gravadas em pedra dura. A notícia da descoberta de uma pena fóssil – que está exposta no Museu de Paleontologia local como fato de alta importância – não foi entendida como prova da antiguidade das aves na região (e em todo o continente), mas tomou a forma de um papagaio atual (figura 1b). Então, o que captamos no discurso dos alunos faz parte de um significado socialmente compartilhado da evidência fóssil. Os "discursos de primeira mão" são reforçados continuamente pela cultura local e constituem a base da construção social da realidade do lugar (Berger e Luckmann, 1966).

Assim, em uma perspectiva sociocultural, as habilidades cognitivas não são estáticas nem totalmente previsíveis, como resultados cristalinos de tarefas educativas, mas dependem bastante de *contextos* (Rogoff e Lave, 1999). Embora esse entendimento não seja novo, é preciso reconhecer que existem muitas maneiras diferentes de explicar "contexto", uma vez que ele não pode ser definido simplesmente como uma estrutura ou conjunto de características de uma tarefa ou de um campo de conhecimento. As relações interpessoais e os aspectos culturais, como valores e crenças, são partes importantes do contexto em que se insere a ação.

A interação social abrange a atividade cognitiva, o que implica dividir os recursos e os esquemas sociais para agir na realidade, pois

> a atividade cognitiva é definida, interpretada e sustentada socialmente. As pessoas, em geral junto com outras e sempre orientadas por normas sociais, estabelecem objetivos, discutem os meios apropriados para atingi-los e se ajudam em sua implementação e

na redefinição dos objetivos à medida que as atividades avançam. (Rogoff e Lave, 1999, p. 4)

Da perspectiva sociocultural, a atividade cognitiva não é uma tarefa mental solitária e meramente lógica, mas um processo de dois níveis que usa, por um lado, os recursos da atividade cognitiva (como as teorias científicas) e as práticas acordadas socialmente. Por outro, a interação social imediata cria uma base material para a atividade cognitiva individual, como as representações artísticas de fósseis vistas anteriormente.

Não há motivo para acreditar que esses processos relacionados com a produção de "discursos de primeira mão" não tenham ocorrido no passado. Algumas ações repetidas com frequência podem criar uma espécie de padrão, que então pode ser reproduzido com economia de esforço e apreendido pelo executante *como* aquele padrão. Esse processo foi chamado de "habitualização", o que implica a possibilidade de realizar a ação novamente no futuro, do mesmo modo e com a mesma economia de esforço (Berger e Luckmann, 1966). Por conseguinte, o "garimpo" do pesquisador educacional abrange não só a HC, instrumento da atividade cognitiva no passado, mas também os produtos da interação social imediata relacionada com a cultura do grupo social. Algumas dessas produções podem também pertencer ao passado, e o "garimpo" pode acarretar novos significados contrariando visões tradicionais. Os atos "habitualizados" retêm os significados narrados pelo grupo social e tornam-se rotina, estreitando as possibilidades de se realizarem ações futuras, proporcionando um ambiente estável para a atividade social. Isso quer dizer que estudos culturais críticos podem revelar novos aspectos que não são evidentes para os próprios agentes sociais, acostumados à dada tradição local, da mesma maneira que os significados das representações artísticas antigas não são inequívocos. Por exemplo, uma pintura bastante conhecida de Giovanni Francesco Caroto (1480-1555), *Fanciullo con disegno di un pupazzo* (*Garoto com o desenho de um boneco*) (figura 2), exposta no Museu Castelvecchio de Verona, é uma oportunidade para esse tipo de exercício hermenêutico.

Figura 2.
Fanciullo con disegno di un pupazzo, pintura de Giovanni Francesco Caroto (1515).

Em artigo publicado recentemente no jornal diário britânico *The Independent*, Tom Lubbock (2010) escreveu:

Na época em que Rafael estava no auge da sua capacidade, um pintor veronês menor teve seu grande dia. Giovanni Francesco Caroto pintou o retrato de um *Garoto com o desenho de um boneco* (sic)... O sorriso do menino, ávido e ligeiramente sedutor, deu à pintura um lugar na história do retrato. Mas a folha de papel que ele segura suplanta o próprio retrato em si. É a primeira representação de arte infantil numa pintura europeia. Seja quem for o menino, esse desenho de homem de pau parece ser obra dele mesmo, que o exibe com orgulho. Mas observe o papel mais de perto. No canto inferior direito, atente para o olho de perfil, desenhado por mão experiente. Podemos imaginar o garoto à toa no estúdio, pegando pedaços de papel usados para esboço pelo artista ou por seus alunos e acrescentando o seu. Mas o que dizer do próprio homem de pau? É uma tentativa de um artista experimentado de imitar a obra de uma criança. É desigual. As linhas riscadas e inseguras são persuasivas. Algumas formas parecem complexas demais – veja o olho direito dele, formado por uma sobrancelha curvada e a pálpebra. Na verdade, a cabeça incompleta no canto insinua um enfoque adulto. Crianças dessa idade não titubeiam, não fazem uma segunda tentativa. E, claro, esse desenho não é um desenho. É uma pintura de um desenho, feita com o meio infinitamente corrigível da tinta a óleo. Caroto observou detidamente como as crianças desenham. Ele provavelmente não tentou fazer destreinar sua própria mão. Ele fingiu não ser seu também o desenho. E sua cópia cuidadosa preservou para nós a evidência de que, muito embora os estilos artísticos mudem, as crianças de 500 anos atrás erravam tanto quanto as de hoje.

Por muitos anos essa pintura foi interpretada como representação do desenho de uma criança, ocorrência rara na pintura europeia. Contudo, o desenho não parece ter sido feito pelo garoto retratado, que é um adolescente, não uma criança. De fato, por volta de 1964, o pediatra inglês Harry Angelman (1915-1996), ao visitar o Museu de Castelvecchio durante as férias, fitou o rosto do garoto com aquela expressão peculiar e deduziu que o quadro, na verdade, testemunhava a falta de completo domínio das faculdades mentais de um jovem. Angelman tinha três crianças como pacientes com deficiência mental leve, com alguns dos traços que ele notou de imediato na pintura, entre eles o rosto com um sorriso compulsivo. Ele concluiu que seus pacientes na Inglaterra tinham uma síndrome cuja ocorrência remontava pelo menos desde a época daquela pintura (provavelmente 1515), que passou a ser chamada "síndrome de Angelman". Na década de 1980, a síndrome foi estudada a fundo, pois seria um exemplo de herança não mendeliana[11]. Portanto, a pintura pode ter um significado bastante diferente, por mostrar um jovem deficiente mental num quadro tão antigo quanto 1515! Exibir um menino "diferente" sem preconceito naquela época é, sem dúvida, muito mais surpreendente do que um desenho infantil.

Nosso grupo escolheu a região de Verona para a pesquisa educacional por uma série de razões. Existem muitos indícios de que a região tenha sido um palco importante das primeiras discussões do se chamaria "geologia" nos séculos 17-18, que incluía as origens das montanhas e suas formas e as relações que poderiam ser

---

11. A síndrome de Angelman é causada pela falta da contribuição maternal numa região do cromossomo 15, mais comumente pela supressão de um segmento desse cromossomo. Se a perda ocorrer no cromossomo paterno, surge uma síndrome diferente, a de Prader-Willi, revelando um caso de transcrição epigenética relacionada ao sexo.

feitas com os livros sagrados. Na Inglaterra, os sistemas de Burnet, Whiston e Woodward podem ser considerados marcos de uma fase inicial em que os milagres se faziam necessários para explicar a paisagem real – ou, como escreveu Charles Lyell em seu famoso *Princípios de geologia*, essas mentes "convocavam caprichosamente a Divindade ao palco e a faziam operar milagres, a fim de confirmar [...] hipóteses preconcebidas".

Muitas fontes, inclusive livros didáticos de ciências conhecidos e bastante utilizados, afirmam que na época de Darwin não se tinha ideia do tempo geológico, predominando o entendimento literal da Bíblia. Essa versão reafirma o currículo de ciências, como que para justificar uma abordagem direta da paleontologia. No entanto, tal ponto de vista não se confirma de acordo com Lyell: "[...] geólogos da Itália que precederam [...] os naturalistas de outros países nas investigações sobre a história antiga da Terra [...]. Eles refutaram e ridicularizaram os sistemas psicoteológicos de Burnet, Whiston e Woodward". Lyell cita as obras de Vallisneri (1727), Spada (1737), Moro (1740), Spallanzani (1758) e as cartas trocadas por Alberto Fortis e Domenico Testa (1793). Essas obras, sendo fontes originais, contribuíram para instituir uma abordagem científica das questões relacionadas com a origem e a idade dos depósitos geológicos.

As conclusões foram muito firmes, fundadas em provas sólidas, ao apontar para vários lugares perto de Verona onde os fósseis haviam tido uma petrificação extraordinária de espécies animais e vegetais da "zona tórrida", "evidentemente contemporâneos" de erupções vulcânicas, mas não pertencentes à fauna e à flora europeias atuais. Esse ponto foi tido como crucial, pois as mudanças climáticas deveriam ser consideradas testemunhas de "revoluções dos continentes", que não poderiam ser explicadas por processos ocorridos em espaços curtos de tempo.

Os trabalhos publicados no século 18 não deixaram dúvida de que os chamados "*scherzi di natura*" (brincadeiras da natureza), como os fósseis eram conhecidos, só poderiam ser considerados restos de seres vivos reais. Ainda em 1721, a Inquisição aprovou o livro de Antonio Vallisneri (1661-1730) sobre petrificações de seres marinhos encontrados nas montanhas, no qual ele apresentou uma nova opinião a respeito daqueles fósseis. Além disso, ele também propôs uma nova explicação para a formação das montanhas, em termos de soerguimento dos terrenos (uma segunda edição foi publicada em 1727). Logo após sua morte, Anton-Lazzaro Moro (1687-1764) confirmou as conclusões de Vallisneri, com provas de caráter diferente que contavam com um enfoque matemático, a fim de mostrar que a ideia de um dilúvio universal era inteiramente impossível. Ele examinou em detalhe os sistemas de Burnet e Woodward. O fato de que lugares centenas de metros acima do nível do mar ostentavam uma fauna e uma flora tropicais perfeitamente observáveis e documentadas em fósseis excelentes, extremamente bem preservados e abundantes deu uma importância fundamental àquela região do Vêneto. É inegável que fósseis marinhos encontrados em montanhas não poderiam ser entendidos sem as lentes teóricas de um tempo profundo. Depósitos marinhos 850 metros acima do nível do mar, testemunhando um antigo clima tropical, eram claramente incompatíveis com as condições climáticas da época no local.

Padres católicos envolveram-se nesses estudos e tiveram uma respeitabilidade moral que pode ter ajudado de alguma forma a convencer os censores da Inquisição de que seus textos não traziam nenhuma ameaça à Igreja. Além disso, no final do século 18, quando Napoleão ateava fogo às velhas estruturas aristocráticas da Europa continental, disseminava-se uma nova maneira de interpretar as provas geológicas. Era essencialmente laica e rejeitava a necessidade de milagres e intervenções divinas para explicar fenômenos presentes (Ciancio, 1995 e 2010). Como sabemos, as opiniões da geologia moderna formaram uma base estável sobre a qual se construiria a perspectiva evolutiva no século 19 (Corsi, 2003).

Chamamos de "paleoheteromórficos" esses lugares onde se podem encontrar fósseis completamente diferentes das espécies atuais. Os outros, onde havia grandes semelhanças (paleoisomorfismos) entre esses dois grupos de seres vivos, podem ter ocasionado a "habitualização" de diferentes perspectivas culturais. Realizamos pesquisas com estudantes desses dois tipos de lugares diferentes, com conjuntos paleoisomórficos e paleoheteromórficos; os resultados mostraram que os fósseis são considerados restos de seres vivos. Não encontramos menção a eles como "*scherzi di natura*" nem qualquer outra, apesar de alguns alunos pertencentes a famílias evangélicas terem citado o dilúvio bíblico. Contudo, a ideia de tempo geológico mostrou-se igualmente comprometida em ambos os lugares.

História da ciência e prática em sala de aula: abordagem "bottom-up"

Sugerimos dar um passo adiante e usar esses três níveis de análise para obter elementos para formular hipóteses para a pesquisa histórica prioritária. Em vez de simplesmente esperar trabalhos de historiadores que sejam úteis para a prática de sala de aula, nós poderíamos dar a eles indicações para que pesquisassem mais profundamente temas específicos de determinadas maneiras. Em outras palavras, essa proposta "de baixo para cima" ("bottom-up") tem o compromisso ético de dar relevância a uma pesquisa histórica que tenha utilidade no ensino de ciências. Além disso, ela pode originar algumas hipóteses para a reavaliação historiográfica. Portanto, o uso de discursos de primeira mão e achados antropológicos nas principais áreas de interesse educacional pode dar sugestões interessantes para a pesquisa histórica, como mostra o exemplo a seguir.

Ao ouvir os alunos debatendo suas concepções acerca do tema evolução, foi possível perceber alguns usos repetidos de procedimentos heurísticos. Um deles foi a citação recorrente de seres humanos relacionados com a evolução. Pelo visto, os alunos organizaram seu conhecimento sobre a evolução biológica em torno de uma ideia central relativa à evolução humana (Bizzo, 1994)[12]. Foi surpreendente, uma vez que, de acordo com a versão dominante

---

12. Nos Estados Unidos, nessa época, uma conferência sobre a pesquisa do ensino da evolução foi realizada em dezembro de 1992, na Universidade Estadual da Louisiana, em Baton Rouge, numa primeira tentativa de desviar a discussão das preocupações religiosas para os aspectos epistemológicos e cognitivos da aprendizagem da evolução biológica. A conferência acabou estimulando uma edição especial da revista científica publicada pela Associação Nacional de Pesquisa do Ensino de Ciências (Narst, na sigla inglesa). Como bem se sabe, a religião e a ciência continuam sendo motivo de preocupação quando se toca no ensino da evolução. Por exemplo, um dos trabalhos dessa conferência primordial concluiu: "[...] os professores devem estar preparados para ensinar bem a teoria da evolução e defendê-la de todas as críticas [...] e respeitar diligentemente o limite entre a ciência e a religião" (Smith, 1992, p. 194).

na historiografia do momento, o conhecimento científico foi elaborado evitando deliberadamente toda a questão. Embora, após a publicação da principal obra de Darwin, em 1859, tenha havido um debate público quanto ao lugar da humanidade no quadro da evolução, ela não era tida como parte da estrutura constitutiva do desenvolvimento da estrutura conceitual da teoria.

Três ideias principais prevaleceram na época, uma delas dizendo que Darwin realmente incluíra a humanidade em sua teorização (Bajema, 1988). Um ponto de vista um pouco diferente afirmava que ele havia decidido não falar explicitamente da evolução humana (Cooke, 1990). Outra voz, ao contrário, argumentou que as referências de Darwin ao homem, especialmente no que diz respeito à evolução cultural, não significavam que ele dera uma explicação evolucionista da origem humana − seria uma questão específica que ele teria decidido evitar ao escrever *A origem das espécies* (Bowler, 1989).

A estrutura conceitual dos alunos mostrou como era importante em seu pensamento a figura da espécie humana. Estudiosos da história da ciência não chegavam a um consenso quanto à centralidade da espécie humana na chamada revolução darwiniana, ao menos quando foi publicada *A origem das espécies* (1859). Mais uma vez, essa versão causou um efeito no currículo, pois os seres humanos não figuravam no início de uma exposição tradicional do desenvolvimento da teoria da evolução. A HC volta a ser invocada, e a viagem do Beagle − especialmente sua escala nas ilhas Galápagos − é abordada em detalhe. Portanto, não surpreende encontrar nos livros didáticos informações fatualmente erradas, como a de que o conceito de seleção natural foi cunhado nas ilhas Galápagos, entre outras. Além disso, apesar de existir, como expus antes, um debate vivo sobre a inclusão da humanidade na obra *Origem das espécies*, a versão que prevaleceu no contexto educacional está claramente ligada aos fringilídeos das Galápagos, e não aos humanos.

Essa contradição foi fundamental na ferramenta heurística proposta, gerando uma hipótese para a reavaliação da posição da humanidade na base da teorização evolucionista. Isso originou uma proposta de pesquisa que contava com o "garimpo" de fontes primárias historiográficas em vários locais do Reino Unido, inclusive a Sala de Manuscritos da Biblioteca da Universidade de Cambridge, a Biblioteca Britânica e o Memorial de Down House, tudo isso realizado em 1990 e 1991.

Paralelamente houve uma rica discussão entre os historiadores sobre o que pensava Darwin quando escrevia *A origem das espécies*. A conclusão desse debate específico foi um forte apoio ao entendimento de que a intenção primeira do livro era enfocar os seres humanos. A conhecida citação sobre a origem do homem por meio de seleção sexual e a famosa frase de que "A luz será lançada sobre a origem do homem e sua história" poderiam ser entendidas como indicações da vontade dele de incluir a humanidade em seus pontos de vista sobre a evolução. A razão de suas ideias sobre seleção natural e sexual aplicadas ao homem não terem aparecido com clareza em seu livro de 1859 pareceu ser consequência de fatores fortuitos e de uma trágica ironia[13] (Bizzo, 1992b).

---

13. A "trágica ironia" seria a morte de Charles Waring Darwin, filho caçula de Darwin, que talvez tivesse a síndrome de Down e pudesse ser considerado um caso de "reversão ao tipo selvagem" no referencial teórico hereditário darwiniano. Essa suposição foi corroborada por evidências mais recentes (Keynes, 2001, p. 207).

Na década de 1990 grandes historiadores, como Peter Bowler, defendiam ardorosamente a ideia de que o ser humano não fazia parte das teorizações iniciais de Darwin quando escrevia *Origem das espécies*, posição que se chocava de frente com as construções teóricas elaboradas por jovens estudantes. Passados 20 anos, a situação se inverteu diametralmente, e mesmo Peter Bowler pode ser considerado "um convertido" (James Moore, 2010, comunicação pessoal). Assim, a pesquisa educacional contribuiu para dar sentido ao "garimpo" em fontes primárias, ficando evidente o contraste entre as hipóteses formuladas a HC utilizada nas duas comunidades, expondo o quão sutil pode ser a diferença entre separar a "história real" e a "pseudo-história".

Além disso, esse exemplo indicou que o baixo desempenho escolar dos alunos pode ser um bom sinal para a concepção de áreas prioritárias de pesquisa da HC, bem como que a pesquisa educacional pode fornecer elementos para formular hipóteses úteis para a reavaliação histórica da elaboração de conceitos-chave para a educação científica.

Últimas observações

Devem ter ficado claras as diversas razões pelas quais a história da ciência pode ser defendida no interior de um curso de formação de professores das diversas ciências. Não se pretende, de um lado, que os professores se transformem em historiadores profissionais; tampouco, de outro, que sejam vistos como "invasores" de searas alheias. Existe uma distinção fundamental entre aquilo que a bibliografia denomina "pseudo-história" e as narrativas históricas demandadas pela escola.

A compreensão das ideias dos estudantes pode ser ajudada pelo conhecimento de lógicas alternativas que estiveram presentes no passado e encontraram formas diversas de aceitação na própria comunidade científica. O progresso do conhecimento de uma geração a outra parece ser constrangido por "fatores limitantes" – termo emprestado originalmente da fisiologia – ou por "obstáculos epistemológicos" (na literatura mais recente), que levaram Joseph Needham (1900-1995) a considerar que o "cientista é necessariamente a criança de seu tempo, herdeiro do pensamento de muitas gerações" (Needham, 1944, p. 141). Nesse sentido, não se podem perder de vista as limitações dessa herança, dado que as concepções de uma época estão intimamente ligadas à "atmosfera mental" de cada período – para usar a terminologia do mesmo autor –, justamente um dos fatores limitantes apontados por esse autor.

Foram apresentados elementos que demonstram a possibilidade de uma perspectiva simétrica entre a inovação que a história da ciência pode proporcionar aos estudos cognitivos, ainda que a partir do próprio trabalho escolar de sala de aula, e, de forma reversa, o que esses estudos podem oferecer para a construção de hipóteses de investigação historiográfica. Nesse sentido, talvez pudéssemos parafrasear Needham dizendo que toda criança é necessariamente um cientista de outra época, cujo legado ainda estamos por conhecer.

Referências bibliográficas

ALLCHIN, D. "Pseudohistory and pseudoscience". *Science & Education*, v. 13, 2004, p. 179-95.

BAJEMA, C. "Charles Darwin on man in the first edition of *Origin of species*". *Journal of the History of Biology*, v. 21, 1988, p. 403-10.

BATESON, W. *Mendel's principles of heredity – A defense*. Londres: Cambridge University Press, 1902.

BERGER. P. L.; Luckmann, T. *The social construction of reality – A treatise on the sociology of knowledge*. Nova York: Anchor Books, 1966.

BISHOP, B. E. "Mendel's opposition to evolution and to Darwin". *Journal of Heredity*, v. 87, 1996, p. 205-13.

BIZZO, N. M.V. "História da ciência e ensino – Onde terminam os paralelos possíveis?" *Em Aberto*, v. 11, n. 55, 1992a, p. 29-35. Disponível em: <http://www.emaberto.inep.gov.br/index.php/emaberto/article view/815/733>. Acesso em: 10 dez. 2012.

_____. "Darwin on man in *Origin of species* – Further factors considered". *Journal of the History of Biology*, v. 25, n. 1, 1992b, p. 137-47.

_____. "Historia de la ciencia y enseñanza de la ciencia. ¿Qué paralelismos cabe establecer?" *Comunicación, Lenguaje y Educación*, v. 18, 1993, p. 5-14.

_____. "From down house landlord to Brazilian high school students – What happened to evolutionary knowledge on the way?" *Journal of Research in Science Teaching*, v. 31, n. 5, 1994, p. 537-56.

_____. "On the different interpretations of the historical and logical development of the scientific understanding of evolution". In: *Toward scientific literacy*, anais da IV Conferência HPSST, Faculdade de Educação, Universidade de Calgary, 1999, p. 99-112.

_____. *Pensamento científico: a natureza da ciência no ensino fundamental*. São Paulo: Melhoramentos, 2012.

_____. "History, philosophy, and biological education". In: EL-HANI, C. N.; MORTIMER, E. F.; OTERO, M. R. (orgs). *Science education research in South and Latin America*. Dordrecht: Kluwer Academic, no prelo.

BIZZO, N. M.V. EL-HANI, C. N. "Darwin and Mendel, evolution and genetics". *Journal of Biological Education*, v. 43, n. 3, 2009, p. 108-14.

BOWLER, P. "Darwin on man in the *Origin of species* – A reply to Carl Bajema". *Journal of the History of Biology*, v. 22, 1989, p. 497-500.

BRUSH. S. G. "History of science and science education". *Interchange*, v. 20, n. 2, 1989, p. 60-70.

Bury, J. B. "Darwinism and history". In: Seward, A. C. (org.). *Darwinism and modern science*. Cambridge: Cambridge University Press, 1909. Disponível em: <http://www.stephenjaygould.org/library/modern-science/chapter27.html>. Acesso em: 10 dez. 2012.

Bush, V. "As we may think". *Atlantic Magazine*, jul. 1945. Disponível em: <http://www.theatlantic.com/magazine/archive/1969/12/as-we-may-think/3881/1>. Acesso em: 12 dez. 12.

Callender, L. A. "Gregor Mendel: an opponent of descent with modification". *History of Science*, v. 26, 1988, p. 41-75.

Ciancio, L. *Autopsie della Terra*. Florença: L. S. Olgschki, 1995.

_____. *La Fucina segreta di Vulcano*. Soave: Consorzio di Tutela V Soave, 2010.

Clough, E. E.; C. Wood-Robinson. "Children's understanding of inheritance". *Journal of Biological Education*, v. 19, 1985, p. 304-10.

Cooke, K. "Darwin on man in the *Origin of species* – An addendum to the Bajema-Bowler debate". *Journal of the History of Biology*, v. 23, 1990, p. 517-21.

Corsi, P. "The Italian geological survey – The early history of a divided community". In: Vai, G. B.; Cavazza, W. *Four centuries of the word "geology" – Ulisse Aldrovandi 1603*. Bolonha: Minerva, 2003, p. 255-79.

Darwin, C. R. *The variation of animals and plants under domestication*. Londres: John Murray, 1868.

Dougherty, M. J. "Closing the gap: inverting the genetics curriculum to ensure an informed public". *American Journal of Human Genetics*, v. 85, 2009, p. 6-12.

Franzolin, F.; Bizzo, N. "Biology concepts in basic education and in the academy – An analysis methodology". In: *XIII Ioste Symposium Proceedings*. Kusadasi: Kusadasi University Press, 2008, p. 287-93.

Gale, B. "Darwin and the concept of struggle for existence – A study of the extrascientific origins of scientific ideas". *Isis*, v. 63, 1972, p. 321-44.

Giordan, A. (org.). *Histoire de la biologie*. v. 1 e v. 2. Paris: Tec et Doc Lavoisier, 1987.

Greene. J. C. "Darwin and the modern world view". Baton Rouge: Louisiana State University Press, 1981.

Hessen, B. [1931]. "The social and economic roots of Newton's principia". In: Freudenthal, G.; McLaughlin, P. *The social and economic roots of the scientific revolution: texts by Boris Hessen and Henryk Grossmann*. Dordrecht: Springer, 2009, p. 41-78.

Heywood, D. "The place of analogies in science education". *Cambridge Journal of Education*, v. 32, n. 2, 2002, p. 233-47.

Hokayem, H.; BouJaoude, S. "College students' perceptions of the theory of evolution". *Journal of Research in Science Teaching*, v. 45, n. 4, 2008, p. 395-419.

Iltis, H. *Life of Mendel*. Nova York: Hafner, 1966.

Jordão, M. P. *A estranha química do cinema e dos comerciais de televisão*. Dissertação (Mestrado em Ensino de Ciências). – Universidade de São Paulo, São Paulo (SP), 2006.

Kargdo, D. B.; Hobbs, E. D.; Erickson, G. L. "Children's beliefs about inherited characteristics". *Journal of Biological Education*, v. 14, 1980, p. 137-46.

Keynes, R. *Darwin, his daughter and human evolution*. Londres: Riverhead Books, 2001.

King, C. J. H. "An analysis of misconceptions in science textbooks – Earth science in England and Wales". *International Journal of Science Education*, v. 32, n. 5, 2010, p. 565-601.

Koyré, A. *Études galiléennes*. Paris: Hermann, 1939.

Lederman, N. G. "Syntax of nature of science within inquiry and science instruction". In: Flick, L. B.; Lederman, N. G. (orgs.). *Scientific inquiry and nature of science*. Dordrecht: Kluwer, 2004, p. 301-17.

Lederman, N. G.; Lederman, J. S. "The nature of science and scientific inquiry". In: Venville, G.; Dawson, V. (orgs.). *The art of teaching science*. Crow's Nest: Allen e Unwin, 2005, p. 2-17.

Limón, M.; Mason, L. (orgs.). *Reconsidering conceptual change – Issues in theory and practice*. Dordrecht: Kluwer, 2009.

Lorenzano, P. "Acerca del 'redescubrimiento' de Mendel por Hugo de Vries". *Epistemología e Historia de la Ciencia*, v. 4, n. 4, 1998, p. 219-29.

LUBBOCK, T. "Great works – Portrait of a young boy holding a child's drawing (circa 1515), Giovanni Francesco Caroto. Museo di Castelvecchio, Verona". *The Independent*, 26 fev. 2010. Disponível em: <http://www.independent.co.uk/arts-entertainment/art/great-works/great-works-portrait-of-a-young-boy-holding-a-childs-drawing-circa-1515-giovanni-francesco-caroto-1910800.html>. Acesso em: 10 dez. 2012.

MARTILL, D.; BECHLY, G.; LOVERIDGE, R. F. *The Crato fossil beds of Brazil – Window into an ancient world*. Cambridge: Cambridge University Press, 2007.

MARTINS. L. A. C. *A teoria da progressão dos animais de Lamarck*. Rio de Janeiro: Booklink/Fapesp/GHTC, 2007.

MARTINS, R. A. "O Comentariolus na obra de Nicolau Copérnico". In: COPÉRNICO, N. *Comentariolus*. 2. ed. São Paulo: Livraria da Física, 2003.

MATTHEWS M. "History, philosophy and science teaching – A rapprochement". *Studies in Science Education*, v. 18, 1990, p. 25-51.

MAYR, E. *One long argument – Charles Darwin and the genesis of modern evolutionary thought*. Cambridge: Harvard University Press, 1991.

NEEDHAM, J. *The refreshing river (essays and addresses 1932-1942)*. Londres: George Allen & Unwin, 1944.

NERSESSIAM, N. "Constructing and instructing – The role of 'abstraction techniques' in creating and learning physics". In: DUSCHL, R. A.; HAMILTON, R. J. (orgs.). *Philosophy of science, cognitive psychology, and educational theory and practice*. Nova York: State University of New York Press, 1992, p. 48-68.

OSBORNE, J. et al. "What 'ideas-about-science' should be taught in school science? A Delphi study of the expert community". *Journal of Research in Science Teaching*, v. 40, 2003, p. 692-720.

PRESTES, M. E. B. "O whiggismo proposto por H. Butterfield". Boletim da *ABFHiB*, v. 4, set. 2010. Disponível em: <http://www.abfhib.org/Boletim/Boletim-HFB-04-n3-Set-2010.htm#Whiggismo1>. Acesso em: 12 dez. 2012.

ROGOFF, B.; LAVE, J. *Everyday cognition*. Cambridge: Harvard University Press, 1999.

ROSE, M. R. *O espectro de Darwin – A teoria da evolução e suas implicações no mundo moderno*. trad. Vera Ribeiro, Rio de Janeiro: Jorge Zahar, 2000.

SANTOS, S.; BIZZO, N. "From new genetics to everyday knowledge: ideas about how genetic diseases are transmitted in two large Brazilian families". *Science Education*, v. 89, n. 4, 2005, p. 564-76.

SECKER. C. (2001). "Feasibility evaluation of science in the cinema. Final report". Office of Science Education, National Institutes of Health, 2001. Disponível em: <dpcpsi.nih.gov/eo/documents/00-102-OD-OSE.pdf>. Acesso em: 10 dez. 2012.

SMITH, M. U. "Semantics, epistemology and the philosophy of science in evolution education". In: GOOD, R. *et al.* Anais da Conferência sobre Pesquisa do Ensino da Evolução de 1992, p. 187-96 (mimeo).

TOULMIN, S. *Human understanding – An inquiry into the aims of science*. Princeton: Princeton University Press, 1972.

TUDGE, C. *In Mendel's footnotes – An introduction to the science and technologies from the 19th century to the 22nd*. Londres: J. Cape, 2000.

ZIMAN, J. *Reliable knowledge*. Cambridge: Cambridge University Press, 1978.

_____. *Real science*. Cambridge: Cambridge University Press, 2000.

Agradecimentos

Devo muitos agradecimentos a Ann Nauman, Luca Ciancio e Roberto Zorzin. Este ensaio teve o apoio do Conselho Nacional de Pesquisa brasileiro (processos CNPq 304243/2005-1 e 300652/2007-0).

Propondo semeaduras

Attico Chassot

Parece de bom tom que, quando lemos um texto, saibamos dos propósitos do autor e, ainda mais, conheçamos os cenários de produção deste. Para trazer as dimensões dessa escritura – que são poucos usuais –, preciso referir o honroso convite de meu colega Nelio Bizzo, que me surpreendeu e, mais, me encantou.

Estava participando do 15º Encontro Nacional de Ensino de Química em Salvador e recebi a seguinte mensagem: "Escrevo para te consultar sobre tua disponibilidade para um projeto editorial que tem por objetivo publicar um livro discutindo o ensino da ciência de maneira ampla, a partir de um diálogo entre dois educadores. Tive o privilégio de ser consultado e indicar um parceiro. Propus teu nome". Sem muito titubeio aceitei, mesmo que, quase de imediato, tenha reconhecido que fora audacioso, pois a tarefa era desafiadora.

Logo em seguida a Valéria Arantes, organizadora da coleção explicou a proposta. Este texto quer ser um dos catalisadores de diálogos. Quando se estuda a cinética de uma reação química, está presente algo que é caracterizado como energia de ativação. Assim, sabemos que, em um fogão doméstico, o gás de cozinha queima em presença de oxigênio que há no ar. Porém, para dar a partida, é necessária uma faísca ou outra chama. Também um palito de fósforo parece inerte, e assim se manterá, se não houver um atrito para ativar a decomposição de um sal oxigenado que, então, produzirá oxigênio e desencadeará a reação. Ou, outra situação mais simples: um objeto A, que está em cima de uma mesa, tem mais energia do que um objeto B igual, que está no solo. A só cai, usando a energia que tem a mais que B, se ganhar um "empurrãozinho" inicial. É aquele toque que precisamos dar para desencadear uma atividade. Com a energia de ativação se vence a inércia e é desencadeada a reação, que pode prosseguir produzindo muito mais reação do que aquela que foi usada para dar a partida.

Estas linhas deste "Propondo semeaduras" querem vencer a inércia e se constituir na energia de ativação para desencadear em cada um dos leitores a adesão ao convite que se faz aqui e agora: participar de um diálogo entre Bizzo e Chassot, mediado pela Valéria.

Nas muitas reflexões acerca do que poderia propor como minhas primeiras sementes, ocorreu-me trazer excertos de "Diálogos de aprendentes" (Chassot, 2010)[1].

A maneira original (para mim) como "os diálogos" foram tecidos e o uso do texto são as duas dimensões que me autorizam fa-

---

1. Os textos transcritos da obra em questão aparecem em formatação de e-mail, tendo sido adaptados para esta obra, e sua inserção neste livro ocorre com autorização da Editora Unijuí.

zer deste capítulo inserido em uma coletânea a minha obra-prima. Ele é apresentado na forma de um diálogo internético entre uma jovem aluna, que cursa a segunda metade do curso de licenciatura em Química, e um professor que há muito se envolve com a formação de docentes para a área das Ciências da Natureza. O ponto de partida são interrogações que Maria Clara, jovem estudante de uma instituição no interior da Amazônia, faz a Giordano, professor já mais experiente. Aqui termina a ficção.

O capítulo se constrói com uma produção real formada por mensagens, consultas e comentários que recebo no blogue. Nas respostas trago meu ponto de vista, analiso a postura de outros teóricos, recomendo leituras de textos e apresento sugestões de como abordar determinados assuntos que envolvem a alfabetização científica em um espectro muito amplo. Tudo está centrado naquilo que é fundamental no capítulo: "Educação científica para cidadania". Há uma continuada troca entre a aluna e o professor. Ambos fazem tessituras com as aprendizagens de uma e de outro. Nessa troca de experiência, faço uma arqueologia de alguns de meus textos e postulo uma expansão de fronteiras para educação científica e alfabetização científica.

Outra dimensão do texto é seu uso. Nada gratifica tanto um autor quanto saber do uso de sua produção. A escrita só tem sentido se houver leitura. Então ocorre o desiderato, a plenificação do binômio: Escrita/Leitura. Depois da produção do texto, visitei, na maior parte das vezes de maneira virtual, várias salas de aula de licenciaturas em diferentes estados nas quais os alunos haviam lido e discutido "Diálogos de aprendentes" e passaram a analisar o texto comigo. É fácil inferir quanto essas ações ampliaram aprendizagens.

Eis a mensagem desencadeadora do diálogo.

De: Maria Clara
Para: Professor Giordano

Prezado Professor Giordano,

Sou estudante do curso de Química, modalidade licenciatura, da Universidade do Povo da Floresta (UniFlorestania), na região amazônica. Estou iniciando o 5º semestre, portanto na segunda metade do curso.
No último semestre iniciei o estágio obrigatório em meu curso. Na bibliografia indicada na disciplina de estágio, constava um capítulo do livro *Para que(m) é útil o ensino*? (Chassot, 2004) O título da obra me fez tomar logo uma decisão: não ler apenas o capítulo indicado, mas lê-lo todo, antes de iniciar as primeiras tarefas de estágio. A propósito pareceu-me muito bem-posta a frase colhida em uma Escola do MST que é abertura de um capítulo do livro: "Se a Escola[2] que os ricos inventaram fosse boa de verdade, eles não davam desta Escola para a gente!"
Uma questão aflora constantemente: questiono o processo de formação pelo qual passei no ensino básico (em redes municipais e na rede estadual de ensino do estado de Vitória Régia) e quanto essa formação tem sido útil na minha vida de estudante e profissional (no momento sou bolsista estagiária em uma escola municipal).

---

2. Sempre que grafar Escola com letra maiúscula, estou me referindo a qualquer estabelecimento que faz educação formal desde a educação infantil até a pós-graduação na universidade.

Creio que o ensino de "conteúdos" é necessário, mas no contexto geral vejo que o laborioso trabalho de alguns professores em meu percurso formativo, quando se abriam a discussões que excediam o âmbito dos livros, é hoje o melhor subsídio à minha prática profissional.

A paixão por seu texto surgiu da alegria de ver alguém que fala com clareza do problema que me angustiava (e ainda me angustia), já em outra perspectiva, por pensar em minha responsabilidade como professora que serei e nas atividades que tenho como colaboradora da Educação nas Ciências nas séries finais do ensino fundamental.

Preciso esclarecer também que não estou contente com minha formação dentro da UniFlorestania, que em minha opinião ainda não assumiu um compromisso de formar professores de Química, pois as disciplinas do curso, na maior parte, parecem pertencer a dois blocos completamente distintos: "As disciplinas de Química" – formatadas por conteúdos abstratos, assépticos e desvinculados da realidade – e "As disciplinas de Formação Pedagógica" – marcadas por quase quimeras, que parecem desconhecer o chão da escola. Ocorre que esses dois blocos estão acondicionados (talvez, a melhor palavra seja "engessados") em muros rígidos, intransponíveis e incomunicáveis (entre si).

Parece que o prejuízo dessa dicotomia tem implicações muito negativas. Mas paro de lhe incomodar e faço a consulta que me levou a escrever esta mensagem: o senhor concorda com minha reflexão que como professora não deva privilegiar tanto os conteúdos de Química e mais uma Educação nas Ciências ligada à realidade onde estou inserida? A proposta que o senhor tem no livro que citei ainda parece válida?

Obrigado, se puder responder,

Maria Clara

A primeira provocação de Maria Clara encantou o professor Giordano. Sua resposta não se fez esperar. Ela trouxe também novas situações.

De: Professor Giordano
Para: Maria Clara

Muito atenta Maria Clara,

vibrei com tua instigante mensagem. Não vou fazer profecias, mas vislumbro em ti a educadora que construirá a cidadania de homens e mulheres usando a alfabetização científica. Agradeço a referência que fazes ao meu livro. Se nos dermos conta de que esse livro (Chassot, 2004) teve sua escrita seminal no início da década de 1990 e é fruto de minha tese de doutorado (Chassot, 1994a), tens razão em perguntar se a proposta de minimizar os conteúdos para aumentar o conhecimento da realidade mais particular ainda parece válida. Minha resposta é um radical sim. Ainda recentemente falava a professoras e professores de uma rede de escolas católicas que atende a uma região importante do estado onde resido e recomendava: "Aventuro-me a sugerir um bom propósito para esse novo ano: ensinar menos!" Claro que os coordenadores pedagógicos das diferentes áreas me olharam com descrédito.
Em um artigo (Chassot, 2010) meu conto uma historieta que usei quando dei o conselho acima e vou reproduzir para ti. Mas antes gostaria de propor uma resposta liminar à questão "A Escola mudou ou foi mudada?" que está no referido texto. A proposta de resposta é: "A Escola não mudou!", ou "A Escola foi mudada!" Tu recordas, quando eras aluna do ensino funda-

mental, aprenderes que as orações podem estar na voz ativa e na voz passiva? Olha como a Escola não é sujeito da mudança, e sim sofre a ação. Quando falamos em Educação, é inevitável que a associemos à Escola, porque entendemos Educação como algo quase sempre formal. Aliás, assim se exige legalmente. Não sei se acompanhaste um debate nacional que houve, recentemente, acerca do direito dos pais de ensinar os filhos em casa em vez de mandá-los à Escola. Houve pais condenados por tirar os filhos da Escola e educá-los em casa. Mas eis a historinha, da qual desconheço a autoria.

> Houve uma vez um homem que, depois de viver quase 100 anos em estado de hibernação, voltou um dia a si. Ficou perturbado pelo assombro de tantas coisas insólitas que via e não podia compreender: os carros, os aviões, os arranha-céus, o telefone, a televisão, os supermercados, os computadores...
> Caminhava atordoado e assustado pelas ruas, sem encontrar referência alguma para sua vida, sentindo-se um ramo desgalhado na árvore da vida.
> Até que de repente viu um cartaz que dizia: ESCOLA. Entrou ali e, por fim, pôde reencontrar-se com seu tempo. Praticamente tudo continuava igual: os mesmos conteúdos, a mesma pedagogia, a mesma organização da sala com o estrado e a escrivaninha do professor, a lousa e as carteiras enfileiradas para impedir a comunicação entre os alunos e fomentar a aprendizagem centrada na memorização e no individualismo.

Ao ser consultada a opinião do auditório acerca da narrativa – se concordam ou discordam –, as opiniões foram díspares. E não são poucos os que ficam indecisos ou optam por alternativas intermediárias. Há os que concordam tacitamente, pois parece ser senso comum considerar a Escola conservadora.

Assim, retomo as perguntas: "A Escola mudou?" ou "A Escola foi mudada?". Talvez possa parecer irrelevante perguntar se a Escola é o sujeito que executa a ação (voz ativa) ou se ela sofre a ação (voz passiva).

No contexto das muito significativas mudanças que parecem ocorrer cada vez mais aceleradas em diferentes setores, a Escola não é algo exótico ao mundo onde está inserida e dele faz – necessariamente – parte. Assim talvez se possa apenas dizer: se a Escola ainda não mudou, ela foi mudada!

Ainda mais, ela também parece ser vítima da neopatia – essa doença pós-moderna que grassa qual epidemia. Uma doença cuja característica é ter sempre tudo novo: o último computador, a última versão do Windows, o último carro – hoje, último carro parece não ser mais de bom tom, por problemas de segurança, que requerem a não ostentação. Aliás, essa doença tem diversas síndromes, que afetam as pessoas em momentos diferentes. Há alguns dias, era ter o último modelo de telefone. Hoje, o surto como neopatia se manifesta na necessidade de ter o último modelo de câmera fotográfica ou de *tablet*. Amanhã será a necessidade de termos uma tela de plasma que, mesmo que seja similar ao nosso televisor atual, é mais delgada e ainda confere maior *status* a seus possuidores. Depois disso surgirá outra necessidade, que o próprio mercado definirá. Um sintoma muito próprio dessa doença é tornar o novo subitamente velho. Assim, um telefone celular com dois anos de uso é "mais velho", leia-se obsoleto, que um telefone fixo de 20 anos.

A neopatia, epidemia desta aurora milenar, afeta também a Escola. Comparo duas Escolas e sou radical na comparação.

Comparo a Escola de 2010 não com a Escola do tempo de nossos avós ou de nossos pais. Talvez nem com a Escola em que a maioria de teus colegas de curso estudou. Quero fazê-lo com uma Escola da virada do século 20 para o 21. Uma Escola do ano 2000, por exemplo.
Há dez anos, a Escola era ainda o centro irradiador do conhecimento. A professora ou o professor se legitimavam, também, pelo conhecimento que detinham. A Escola não esquecia/esquece sua origem nos monastérios ou nos porões das catedrais: "Roma locuta, causa finita!"[3]. A Escola era, na comunidade onde estava inserida, o lócus irradiador do conhecimento. Era a ratificadora ou até a certificadora do conhecimento.
Quando se queria saber algo, perguntava-se ao professor. Sua resposta tinha autoridade e era a referência. O dogmatismo parece ser um vício que perpassa com igual intensidade todos os níveis de ensino. Tardiamente a Escola soube migrar da era das certezas (marca da ciência na virada do século 19 para o 20) para a das incertezas, marca do ocaso do século 20.
Hoje a Escola é assolada pela informação. Esta superou o "Roma falou, a causa está decidida!". Diferentemente da Escola que se esboroou na mítica virada do milênio, a de hoje não é mais centro de informação.
Ocorre exatamente o contrário. O conhecimento chega à Escola de todas as maneiras e com as mais diferentes qualidades. Essa é a mudança radical que ela vive hoje. É evidente que essa Escola exige outras posturas de professoras e professores. O transmissor de conteúdos já era. Hoje precisamos mudar de informadores para formadores. Portanto, parte de nossas ações é ajudar a formar um pensamento crítico que permita a nossos

---

3. "Roma falou, a questão está encerrada". É dogma, deve-se acreditar.

alunos discriminar "verdades" de falácias e privilegiar – dentro do extenso repertório de conhecimentos – aqueles conteúdos que possibilitem ter uma melhor qualidade de vida.

Logo, Maria Clara, precisamos privilegiar menos os conteúdos, muitos dos quais não servem para nada – ou melhor, servem para aumentar a dominação. Mas hoje fiquemos por aqui. Faço uma sugestão: lê o artigo referido. Quando quiseres, podemos voltar a conversar. Por ora, saudações aditadas ao desejo de que nosso diálogo esteja apenas começando,

Giordano

Para reforçar o poder da Escola e, por consequência, do professor, ratifico o que disse o professor Giordano. Eis quanto seu discurso (da Escola/professor) tinha (ou tem?) autoridade e era (ou é) a referência. Vou ilustrar isso com algo muito pessoal que ocorreu com Ana Lúcia, uma de minhas filhas, quando estava nas séries iniciais do ensino fundamental. Certo dia, ao chegar em casa, ela contou-me que tinha aprendido na escola o nome das caravelas de Cabral. Ante o meu confessar que não sabia os nomes, ela, surpresa e triunfante, recitou a tríade que todos aprendemos em nossas aulas de História: "Santa Maria, Pinta e Niña". Ao protestar, dizendo que essas eram as caravelas de Colombo, Ana Lúcia foi categórica: "A tia disse!", isto é: "Roma locuta, causa finita!" Fomos à enciclopédia – à época não havia Google – e não encontramos nos verbetes "Cabral" e "Descobrimento do Brasil" nenhuma referência às naus cabralinas. Mas, se buscávamos referências a "Colombo", lá estavam a Santa Maria, a Pinta e a Niña, para orgulho dos conhecimentos de história de seu pai. Ana Lúcia não se deu por vencida: "A tia disse! Então a enciclopédia está errada!" Também não aceitou minha sugestão de, no dia seguinte, levar a informação para a professora. O que a Escola ensina parecia não ser passível de correção. Precisei eu telefonar para a "tia", que só então se deu conta de seu engano, agradecendo-me e, no dia seguinte, soube fazer elegante retificação.

Acredito que esse fato ilustra a força que a Escola tinha. E com atenção, e não sem alegria, usei o tempo verbal no passado.

Mais recentemente, passei a chamar os saberes populares também de saberes primevos, na acepção daqueles saberes dos primeiros tempos – ou saber inicial/saber primeiro. É preciso dizer que não se trata de uma simples troca de adjetivo. Há aqui uma postura política, marcada pelo fato de a opção por um adjetivo como "primeiro" ou "primevo" não desqualificar tanto um saber como quando dizemos "saber popular". Mesmo que nesse texto, em algumas vezes, tenha ainda referido "saberes populares", isso é consentido, até para dar atenção a essa diferença (Chassot, 2008, p. 198).

Mas agora surge um novo questionamento. Assim como a Escola, nestes primeiros anos do século 21, perdeu ser o lócus do saber e em vez de se perguntar ao professor se pergunta a Google, lá na comunidade que nos legou essa historieta ainda se precisa de velhos para ser depositários do saber? Ou o professor/o médico/o pastor Google sabem tudo e muito mais?

Assim, as propostas neoliberais de Educação (Escola com qualidade total ou mercoescola), mesmo que hoje pareçam mais viçosas, terminam perdendo sentido. Há cada vez mais espaço para propostas progressistas, que não fazem da Educação uma mercadoria, como a Escola educadora que defende Azevedo (2007). E vale ver a segunda intervenção da Maria Clara.

VALÉRIA AMORIM ARANTES (ORG.)

De: Maria Clara
Para: Professor Giordano

Querido Professor Giordano,

Muito obrigada por sua tão densa resposta. Desta vez quem se envaideceu fui eu. Mandei cópia de sua mensagem aos meus colegas, que disseram que eu estava inventando, que um cara como o senhor não ia dar bola para uma aluninha da roça. Mostrei sua mensagem a dois professores. Escolhi a dedo o melhor representante de cada um dos blocos que referi em minha primeira correspondência. A professora Ana Lúcia, de Prática de Ensino, a que tinha recomendado seu livro, ficou impressionada e pediu uma cópia da minha mensagem e de sua resposta para comentar com alunos de outra turma.
Outro professor teve uma reação perturbadora: "Esse tal de professor Giordano deve ser um panaca que vive no mundo da lua. Daqueles que não querem dar matéria e aprovar todo mundo. Ora, ensinar menos!"
Professor, minha escrita está tendo um tom de fofoca. Mudo de assunto e trago uma nova questão. Li um texto seu sobre alfabetização científica (Chassot, 2003a) e queria que me ajudasse a vislumbrar como com o ensino de ciências – e o senhor tem me feito esquecer que estou recebendo uma formação para ser professora de Química – eu posso contribuir para que mais pessoas sejam partícipes de propostas que envolvam a construção da cidadania/florestania.
Aliás, me permita uma observação lateral: não sei se é corrente para o senhor o uso da palavra "florestania" como homóloga a cidadania. Os povos das florestas entendem que "não

podem aceitar o conceito de cidadania, pois isso lembra cidade, coisa urbana. Nós somos um povo da floresta e defendemos a florestania, que é a cidadania do ponto de vista de quem vive na região amazônica. Florestania é felicidade, respeito ao meio ambiente, ganhar dinheiro com a floresta sem destruí-la".

Em *A invenção da Florestania* (2009), Francisco de Moura Pinheiro explica que, embora não conste ainda nos dicionários, a palavra "florestania" existe no Acre desde 1999. Trata-se de um neologismo que junta no mesmo vocábulo os termos "floresta" e "cidadania", indicando a tentativa de estabelecer o direito de ser cidadão de cada um dos habitantes da floresta acreana. O uso dessa palavra é uma opção política de proporcionar bem-estar às pessoas que nasceram, cresceram e vivem até hoje no meio da floresta, usando os benefícios desta para sobreviver. Uma espécie de pacto natural, baseado no equilíbrio das ações e relações entre homens e ambiente.

A floresta, antes desprestigiada e ridicularizada pelas sociedades urbanas, é transformada em símbolo de uma revolução. A proposta encontra no respeito à floresta o fio condutor de ações que busquem no meio ambiente a base para um desenvolvimento sustentável a ser seguido pelos povos do planeta. Uma conduta singular numa época de profunda devastação ambiental.

Obrigada pela ajuda e desculpe a fofoca inicial e também a pretensão de querer ensiná-lo sobre florestania.

Uma saudação agradecida da

Maria Clara

Maria Clara vai naturalmente abandonando posturas disciplinares. Se observarmos como vão se constituindo as diferentes disciplinas, poderemos constatar que isso se dá pelo refinamento dos óculos que usamos para olhar o conhecimento. Assim, por exemplo, a História, no século 19, se separa de outras ciências (conhecidas como Ciências Sociais, das quais "saíram" também a Geografia, a Sociologia...) e se torna autônoma. Essa separação não significa "fim de precisão" de outros ramos do conhecimento. Por outro lado, quanto mais independentemente quisermos fazer um ramo do conhecimento – isto é, que ele se baste por si –, mais esotérico ele se tornará, pois a essencialidade conspira contra a contextualização. No "mundo real", nenhum conhecimento ocorre com autonomia ou independência; exige-se interdependência. Isso parece valer tanto para as Ciências Humanas como para aquelas tidas como Ciências Exatas. Tanto que se apregoa, para uma melhor leitura da realidade, uma visão holística, isto é, uma abordagem, no campo das ciências humanas e naturais, que priorize o entendimento integral dos fenômenos, em oposição ao procedimento analítico em que seus componentes são tomados isoladamente.

Assim, tornamo-nos sujeitos transdisciplinares quanto mais conseguimos transgredir fronteiras, rompendo as rígidas barreiras que compartimentalizam as disciplinas.

De: Professor Giordano
Para: Maria Clara

Minha parceira no fazer Educação Maria Clara,

Mesmo com diferença de tempos percorridos, sinto em ti uma colega muito próxima. Trouxeste considerações que merecem respostas aprofundadas, mas tenho duas preliminares. A primeira, um agradecimento pelo oportuno esclarecimento do termo "florestania"; ele não era corrente para mim e aprendi também isso contigo. Agora, um convite. Não sei se conheces, tenho um blogue diário (http://mestrechassot.blogspot.com) onde tenho a pretensão – e tal pretensão aparece no título de um artigo que escrevi (Chassot, 2009): Blogues como artefatos culturais pós-modernos para fazer alfabetização científica". Queria te convidar para ali conheceres mais algumas de minhas propostas para fazer alfabetização científica, em uma dimensão muito ampla daquela que usualmente conferimos a alfabetizar nas ciências. Sem querer fugir da resposta, ali respondo, a cada dia, um pouco das tuas indagações.

Minha estimada interlocutora, há em nosso diálogo uma pergunta quase óbvia, mas ao mesmo tempo crucial: o que é ciência, afinal? Esse interrogante é título de um livro de mais de 300 páginas de Alan F. Chalmers (1993) que traz inúmeras tentativas de responder à questão que propões.

Releio, contigo agora, o que escrevi no segundo capítulo de um dos meus livros (Chassot, 2008) sem a pretensão de responder a essa pergunta. Mesmo que no livro me proponha ampliar a leitura feita pela ciência, e até a use como instrumento para ler o mundo e discutir as necessidades de alfabetização científica, trago aqui uma descrição de ciência que talvez pareça reducionista. Asseguro que ela serve aos propósitos das discussões que nós dois entabulamos. Lateralmente evoco o significado primeiro dessa ação verbal: conversar em roda de uma mesa. Aqui, o mundo internético amplia a extensão de nossa mesa. Eu talvez pudesse antes acrescentar que a extensão de uma definição teórica e a precisão matemática de um resultado dependem dos objetivos com que as usamos.

A ciência pode ser considerada uma linguagem construída pelos homens e pelas mulheres para explicar o nosso mundo natural. Permito-me sublinhar agora dois pontos nessa definição de ciência:
a) é um construto humano, isto é, foi construída pelos homens e pelas mulheres. Em consequência dessa natureza humana, a ciência não tem a verdade, mas aceita algumas verdades transitórias, provisórias, em um cenário parcial no qual os humanos não são o centro da natureza, mas elementos dela. O entendimento dessas verdades – e, portanto, a não crença nestas – tem uma exigência: a razão. Aqui temos um primeiro alerta: diferentemente das religiões, que admitem ter verdades reveladas, a ciência não tem a Verdade, mas verdades provisórias, interpretações temporárias, desafios a resolver ou ainda achados reveladores. Vivemos tempos em que cada vez mais emergem duas posturas diametralmente opostas: o fundamentalismo religioso e a ateologia. O primeiro perturba nossas salas de aula, dificultando ou embaralhando o ensino de ciências; há aqui assunto para conversa, mas em outro momento. A segunda – ainda não dicionarizada – parece ser algo muito novo, fruto das liberdades que vivemos neste século 21. Ouso definir ateologia: possibilidade de ler o mundo assumindo a posição filosófica de que não existem deus ou deuses – ou, em sentido lato, a ausência de crença na existência de divindades. Também sobre isso acredito que vamos voltar a conversar.
b) Trago um segundo sublinhamento: afirmar que a ciência é uma construção dos homens e das mulheres acoberta uma questão de gênero significativa. Em meu livro *A ciência é masculina?* (Chassot, 2003b), procuro mostrar que a ciência é uma construção masculina, como também o é a construção das artes, da filosofia, da política, da religião, do esporte – todas

predominantemente masculinas, brancas e eurocêntricas. Aliás, as religiões também são construtos humanos (mesmo que aceitos por alguns como divinos) masculinos e têm responsabilidades muito grandes nesse viés machista da sociedade.
Assim, considerar a ciência "uma linguagem para facilitar nossa leitura do mundo natural" e sabê-la como descrição do mundo natural ajuda a entendermos a nós mesmos e o ambiente que nos cerca. Mas atenção: a ciência é apenas um dos diversos óculos que podemos usar para ler o mundo. E mais: não te posso afiançar que sejam os melhores. Provavelmente para pessoas como tu e eu, que nos envolvemos com a academia, a ciência possa parecer os melhores óculos.
Maria Clara, já me alonguei. Penso que por hoje te deixo essas reflexões. Conta comigo para continuarmos essa charla.

Giordano

O que Giordano coloca nas alíneas a) e b) mereceria maior expansão, mas no momento me reporto apenas a b). Cabe a pergunta: por que a ciência foi/é masculina? Mesmo que se possa considerar uma simplificação, poder-se-ia afirmar que essa inculcação tem uma procedência: a religião. Acerca dessa construção de uma religião masculina o livro mencionado faz algumas considerações. E talvez se deva assinalar aqui que, mais do que uma religião masculina, esta é acima de tudo marcada fortemente por componentes misóginos (misoginia = aversão a mulheres).

Precisamos, portanto, fazer um esforço para conseguir mais desadjetivação da ciência: masculina. Talvez possamos dizer que a inculcação continuada de uma ciência masculina se tenha fortalecido por nossa tríplice ancestralidade: nosso DNA grego, nosso

DNA judaico e nosso DNA cristão. Para cada uma dessas três raízes se trazem tentativas de leituras; na grega, os mitos que narram a cosmogonia grega, como o de Pandora, e as concepções de fecundação de Aristóteles; na judaica, a cosmogonia, particularmente a criação de Adão e Eva; na cristã, aditada às explicações emanadas do judaísmo, a radicalidade de interpretações como aquelas trazidas pelo apóstolo Paulo e por teólogos eminentes como Santo Agostinho, Santo Isidoro, Santo Alberto Magno e Santo Tomás de Aquino – inclusive, no século 20, o papa Leão 13.

De: Maria Clara
Para: Professor Giordano

Muito estimado professor Giordano,

Estou adorando nossa troca de e-mails. Ontem li e reli sua última mensagem; depois, juntei-a à primeira. Continuo socializando-as com a professora de Prática de Ensino, que esmiuçou sua mensagem para a turma. Eu cheguei a dizer: "É como se o professor Giordano estivesse aqui!" Então o Felipe, sempre todo metido a entendido, disse: "Pergunta pro cara se ele tem Skype! Poderemos organizar uma televisita dele à nossa turma!" Nem teria coragem de propor isso para o senhor, mas a professora Ana Lúcia achou o máximo. Se o senhor topar, nós topamos. Claro que pedirei a Felipe para não lhe chamar de "o cara".
Tenho só uma pergunta e serei breve, pois tenho amanhã uma prova de Química Orgânica Avançada que me deixa muito tensa. Assim, queria saber o que senhor quer dizer quando afirma que a ciência é apenas um dos diversos óculos que podemos

usar para ler o mundo. Sempre vi a ciência como todo-poderosa e única digna de crédito.

Muito obrigada sempre,

Maria Clara

A maior parte das análises, diagnósticos e propostas que visam responder a uma questão (ou um problema de pesquisa) tem uma característica comum: entender o problema. Ou melhor: buscar respostas para nossas interrogações no sentido de explicar o mundo natural.

Na obra *Sete escritos sobre educação e ciências* (Chassot, 2003b) narro situações nas quais epistemólogos dizem que podemos usar diferentes óculos para as nossas observações. Antes de mostrar quais podem ser esses óculos, vou propor uma questão: por que os bebês choram ao nascer? Essa me parece ser uma boa pergunta, que se presta a uma excelente investigação.

Muito provavelmente já nos fizemos essa pergunta. Se a propusermos a pessoas com diferenciadas leituras do mundo, isto é, que usam diferentes óculos para ler a realidade, obteremos respostas bastante variadas. Em um programa de aprendizagem denominado Conhecimento e Ciência[4], propus que alunas e alunos escolhessem uma pergunta[5] que costuma ser objeto de curiosidade, buscassem respondê-la e, então, a formulassem a pessoas de diferentes estratos culturais.

---

4. Programa de aprendizagem oferecido em 2002/2004 a alunos de uma dezena de licenciaturas da Unisinos, da qual fui docente.
5. Perguntas objeto de curiosidade: no programa de aprendizagem Conhecimento e Ciência, coletamos mais de uma centena delas e também indicações de sítios na internet onde encontrá-las.

Um dos estudantes[6] perguntou por que os bebês choram ao nascer e obteve diferentes leituras (das quais se apresenta uma pequena síntese em seguida): de uma parteira (pedindo o sopro da vida que a parteira infunde quando assopra nas narinas), de uma obstetra (para estimular o funcionamento dos alvéolos e ativar o início da respiração), de uma pessoa sem escolarização formal (de saudade da vida boa que tinha na barriga da mãe) e de um teólogo (para pedir a Deus que lhe insufle a vida).

Se olharmos cada uma dessas leituras, notaremos que cada pessoa usou um tipo de óculos para ler o mundo. Talvez possamos identificar leituras marcadas pelo senso comum, pelos mitos, pelas religiões ou pela ciência. Vale repetir que não se está julgando e muito menos desqualificando qualquer leitura que se coloque como diferente daquela proposta pela academia, que apenas fazemos central neste texto. Muito menos sugerindo que se abandone uma ou outra em favor dessa leitura proposta pela ciência. Giordano retoma o assunto.

De: Professor Giordano
Para: Maria Clara

Muito estimada Maria Clara,

Estou muito disposto a fazer uma visita televisiva à turma de vocês. Será bom chegar até aí usando uma tecnologia fácil e econômica, da qual sou usuário.

---

6. Refiro-me ao trabalho realizado por Carlos Marcelo Fonseca Aquino, há época aluno do curso de História da Unisinos, a quem agradeço por me apropriar aqui de sua investigação.

Reformulo um pouco tua pergunta: quando se propõe ver a ciência como uma das formas culturais de ler o mundo, surge a interrogação: quais são as outras possibilidades?
Antes da resposta, breves parênteses. Aderi, há não muito, à proposta de diferentes autores e passei a fazer uma distinção entre artefato e mentefato. O ser humano age em função de sua capacidade sensorial, que reage ao material (artefatos), e de sua imaginação, muitas vezes chamada criatividade, que responde ao abstrato (mentefatos). A realidade percebida pelos indivíduos da espécie humana é a realidade natural, acrescida da totalidade de artefatos e de mentefatos (experiências e pensares), acumulados por ele e pela espécie (cultura).
Talvez possamos identificar, além da ciência, leituras marcadas pelo senso comum, pelos mitos, pelo pensamento mágico, pelos saberes primevos ou pelas religiões. Aqui e agora, parece ser importante afirmarmos que qualquer uma dessas leituras não recebe um aval, ou mesmo um rótulo, de que seja a mais certa ou mais adequada. Cada uma e cada um de nós podem se afiliar a uma dessas leituras. Aqui, Maria Clara, há o convite para pensarmos como a ciência lê o mundo natural. Como já disse, não queremos desqualificar nenhuma das outras leituras nem sugerimos que se abandone uma ou outra em favor desta que fazemos central em nossos estudos. Há também a convicção de que, mesmo que nos afiliemos à ciência, também usamos em diferentes momentos leituras marcadas pelo senso comum (quando nos encantamos com um pôr do sol), pelo pensamento mágico (quando buscamos a cura em uma poção dita milagrosa ou consultamos horóscopos), pela religião (quando rezamos ou pedimos algo a um Ser superior); buscamos leituras mitológicas (recorda como Freud usou os mitos para explicar a alma humana e como encontramos nos saberes primevos explicações para nossos fazeres cotidianos).

Espero que tenhamos caminhado mais um pouco. Uma afetuosa saudação do

Giordano

Talvez, ousando propor uma vantagem no uso da ciência como óculos de leitura do mundo natural, possamos dizer que entender a ciência nos permite, também, controlar e prever as transformações que ocorrem na natureza. Assim, teremos condições de fazer que essas transformações sejam propostas para que conduzam a uma melhor qualidade de vida. Isto é, por sabermos ciência, seremos mais capazes de colaborar para que as transformações que envolvem o nosso cotidiano sejam conduzidas para termos melhores condições de vida. Por conhecerem a ciência, homens e mulheres se tornaram mais críticos e ajudaram nas decisões que fizeram que as transformações promovidas pela ciência no ambiente fossem para melhor. Só isso torna importante contribuirmos para uma alfabetização científica cada vez mais eficiente. Assim, poeticamente, ajudaremos a formar jardineiros para cuidar melhor do planeta.

De: Maria Clara
Para: Professor Giordano

Querido professor Giordano,

Agora o assunto está esquentando. Precisava de sua ajuda para entender leituras de mundo com religião e/ou ciência. Esses dois óculos são exclusivos? Ou posso usar os dois ao mesmo tempo? As perguntas são simples, mas já estou imaginando que as respostas devam ser muito complexas.

Como adendo: já estamos organizando a sua televisita à nossa turma. A professora Ana Lúcia achou melhor o diretor lhe fazer um convite formal. Como ele é da área de ciências, sabemos que vai querer assistir.

Muito obrigada e estou cheia de expectativa de vê-lo pelo Skype. Claro que já vi fotos suas na sua página e no seu blogue, que leio todo dia. Quando o senhor conta suas viagens, é como se eu tivesse viajando junto.

Maria Clara
PS.: Arrisco, agora, uma pergunta fora de nossas conversações, que o senhor tem toda liberdade para não responder, caso a considere muito invasiva. O senhor é ateu?

O que Maria Clara reservou para o PS é uma pergunta recorrente: alunos (e mesmo ouvintes de nossas palestras) têm curiosidade por nossos credos. Em geral, eles não perguntam (ou o fazem com muita discrição), pois ainda há preconceitos a vencer. Não recordo de já ter recebido interrogação, como a que Maria Clara faz no PS, em público. Acompanhemos como se sai Giordano.

De: Professor Giordano
Para: Maria Clara

Minha querida interlocutora Maria Clara,

Acertaste. São perguntas simples só na aparência. Mas vou começar pelo teu *post-scriptum* – que é ousado e invasivo, mas ainda assim tentarei responder. Penso que a resposta ajudará a entender a questão central que trouxeste.

Ainda que essa pergunta seja realmente muito difícil de responder, (a)venturo-me a trazer algo à moda de uma resposta, pois não raras vezes essa interrogação já me foi feita – quase sempre de maneira privada e em geral buscando certa cumplicidade. Veja que, se me perguntasses se sou católico, espírita, judeu, muçulmano ou budista, seria talvez mais natural responder sim – ou até não. Seria mais fácil de responder com sim a perguntas como: "Tu és gremista ou torces pelo colorado?"

Há pelo menos duas razões para esse sim peremptório (ou quase impensado) para as perguntas que acima ensaiei. A primeira: ser religioso é algo natural – parece não existir uma cultura que não tenha em sua cosmogonia uma relação com deus ou deuses – e não preconceituoso. Talvez algumas religiões sofram certos preconceitos. Assim, na academia não encontramos (pelo menos de maneira notória) praticantes de religiões neopentecostais. Todavia, aqueles que abraçam a doutrina espírita (talvez por ela ter uma base "mais científica") têm significativa visibilidade na universidade. Claro que se vivêssemos na Espanha ou em Portugal no início da modernidade, ou na Alemanha nazista da primeira metade do século passado, dizer-se de fé judaica seria problemático. Ser ateu é ainda muito eivado de preconceitos. A *Encyclopædia Britannica* estima que cerca de 2,5% da população mundial se classifica como ateísta. Logo, trata-se de uma minoria, como tal naturalmente discriminada. É possível que o ateísmo esteja mais disseminado do que as pesquisas sugiram.

A segunda razão é que responder sim à pergunta que trazes implica necessariamente uma longa e dolorosa reflexão – não poucas vezes imersa em culpas. De modo geral (claro que sei que trago uma generalização rasa), podemos nascer católicos, mas não nascemos ateus. Na Suécia, até poucos anos atrás todas as crianças nasciam luteranas. Vale lembrar que quando Descartes morreu na Suécia ele foi enterrado no cemitério das crianças não batizadas. Uma espiadela num corredor de uma maternidade no Rio Grande do Sul mostra que os bebês hoje, especialmente os meninos, nascem gremistas ou colorados. Depois são batizados – mais para ganhar padrinhos – em uma religião, religião essa que talvez os pais nem pratiquem. Eles não podem continuar pagãos. Muito menos podem ser ateus de nascimento. Fizemo-nos ateus. Ouso afirmar que um número significativo dos que se dizem ateus foi, há um tempo, muito religioso. Às vezes é mais fácil – e também conveniente – assumir a religiosidade porque isso não implica questionamentos, não exige mudanças e pode ser até garantia de manutenção do emprego. Por isso referi: dizer-se ateu implica uma (dolorosa) conversão na maneira de ler o mundo e a vida (futura, se tal for aceita). O desconfortável não é sentir-se minoria, mas sentir-se um desprovido. É preciso também ser valente para enfrentar – melhor, aceitar – as opiniões alheias. Quando no meu perfil, em uma comunidade de relacionamentos, coloquei "agnóstico", um jovem que me conhecia apenas por comentários internéticos escreveu falando de sua decepção, pois me julgava uma pessoa muito boa; prometeu, não sem dó, rezar por mim. Ter de nos despir de crenças profundas não é trivial. Como religiosos somos solidários, mas ser ateu é solitário. Não apenas porque aos ateus não está reservado algo que a mim encanta: os cultos religiosos. Frequentar templos, especialmente em viagens, é prática de minhas preferências. Todavia, detesto estar naqueles que são tidos como os sucedâneos das catedrais destes tempos pós-modernos: os *shoppings centers*. Na Unisinos eu tinha um colega, ex-padre católico, que dizia que eu era o ateu mais religioso que ele conhecia.

Vale considerar que ser ateu implica romper com a cultura transmitida pela família. Talvez me abstivesse de responder a essa pergunta se meus pais fossem vivos. E aqui talvez ouse ampliar um pouco uma leitura que Freud faz de *Édipo rei*, de Sófocles. Nessa negação à religiosidade não matamos o pai, mas o Pai (a Deus Pai). Matar o pai no processo de Édipo implica poder simbolicamente algum dia ocupar seu lugar e possuir Jocasta; nessa situação, matar o Pai significa dizê-lo dispensável (como Criador).

Sei que ainda não disse sim (ou não) à pergunta capital. Maria Clara, foi bom teres aditado esse questionamento em tua última mensagem. Obrigaste-me a pensar e repensar muitos fragmentos de minha vida. Não consegui montar o quebra-cabeça que mexeu comigo. Muito obrigado. Ah! A resposta à pergunta do PS. Precisa? Então é um sim, mas não um sim de militante. Minhas críticas no meu blogue a Richard Dawkins – que comento adiante – e José Saramago não são apenas por sua militância ateísta, mas para o deboche que fazem de Deus. Isso me ofende, pois destrata o Deus que foi de meus pais. Não busco conversões de religiosos ao ateísmo. Encerro fazendo uma afirmação: algo que me encanta é dialogar com uma pessoa religiosa. Atesto isso num prosaico episódio familiar. Há dias telefonei para a casa de um de meus filhos. Atendeu-me minha neta. Ao pedir para falar com seu pai, ela respondeu: "Papai agora está rezando!" Fiquei muito emocionado.

Depois de ter tentado responder, não sem atrapalhações, ao teu PS, vamos ao central. Mesmo que nesta mensagem de hoje eu possa parecer pouco repetitivo, o assunto demanda colocarmos posições claras. Comparemos, brevemente, religião e ciência. As religiões afirmam a existência de uma verdade global, imanente, eterna, completa, que trata tanto da natureza como do homem. Essa verdade tem uma exigência fulcral para crê-la: a fé. Às vezes, a leitura de mundo com os óculos das religiões é bastante ingênua. Veja-se esta afirmação: "Admira meu filho, a sabedoria divina, que fez o rio passar perto das grandes cidades". Ela está na abertura de meu *A ciência através dos tempos* (Chassot, 1994b). Há outras em que a leitura religiosa tem a marca do fundamentalismo. É importante reconhecer que muitos fazem com competência leituras bastante racionais com a religião (talvez destacasse, entre estes, aqueles que são de fé espírita).

Minha querida parceira de diálogos, permite-me, uma vez mais, repetir algo que disse aqui: a ciência é um construto humano. Como tal, aceita certas verdades provisórias em um cenário em que os humanos não são o centro da natureza, mas elementos desta. O entendimento dessas verdades demanda a razão.

Quando se fala em religião e ciência, advoga-se a existência de campos dicotômicos. Mas cabe a pergunta: por que, por exemplo, a religião se faz tão fortemente presente em discussões como a que se propõe aqui? Houve um tempo, não tão próximo nem tão distante – aquele que medeia o entorno da virada do século 15 para o 16 até o Século das Luzes –, em que houve uma significativa interferência entre os dois campos. Interferência essa que ocorreu com disputas ou, pior, até com embates cruentos. Julgamentos como o de Galileu Galilei ou martírios como o de Giordano Bruno não foram atos isolados. Para a separação entre os dois campos, a contribuição do Iluminismo talvez tenha sido decisiva, em especial depois da proclamação de Kant: "Liberta-te daqueles que querem pensar por ti e pensa!" Assim, a ciência não apenas adquiriu/adquire *status* independente como trouxe superações, chegando, há um século, a ser aceita quase como um sucedâneo às religiões. Afortunadamente, essa interpretação, tida por alguns como um ápice ou refinamento, também parece superada.

Minha querida amiga, hoje tu e eu nos superamos. Imagino que alguns devam estar a dizer que essas nossas elucubrações não tenham nada que ver com fazer educação para a cidadania. Pois para mim tem tudo que ver.

Aqui no Sul está começando o inverno hoje... Não sei se tem muito sentido desejar a quem vive quase na linha do Equador como tu "Feliz inverno/feliz primavera", como se faz hoje nos hemisférios Sul/Norte. Então, Maria Clara, desejo o melhor a ti.

Giordano

Talvez, nas múltiplas culturas, o segmento em que é mais significativa a presença das religiões (ou seja, das igrejas) seja a educação. É histórica a relação da educação com as igrejas no mundo ocidental. No século 12, quando surgiu a Universidade – ressalvada a primeira (a Universidade de Bolonha) –, todas as demais apareceram à sombra das catedrais. A licença para a docência nas universidades era dada pelo papa. A Escola, no formato que conhecemos hoje, legado da modernidade, surge com marcas eclesiais: Reforma Protestante (1517) e Contrarreforma (por exemplo, a fundação da Companhia de Jesus, em 1531). Com a colonização da América, no Novo Continente a situação não se fez diferente.

Ainda nos dias atuais é significativa a presença de diferentes denominações religiosas na educação básica e na educação superior. No Brasil, o ensino superior confessional, em particular, é feito por igrejas tradicionais, talvez com mais destaque para a católica, a luterana, a metodista e a presbiteriana.

| **De:** Maria Clara |
| **Para:** Professor Giordano |

Muito estimado professor Giordano,

Realmente caminhamos. O senhor bombou na última mensagem. Tenho mais uma questão complexa, mas antes duas amenidades, ou assuntos práticos.
Uma: realmente primavera e verão para mim não passam de figuras de calendário. Assim, espero que deseje que tenhamos ventos frescos para suavizar as tórridas temperaturas a que somos submetidos de maneira quase continuada. A segunda: já circulam na universidade cartazes convidando para "Um diálogo de aprendentes" que haverá com o senhor. Bolaram algo muito legal. O senhor terá três entrevistadores: o professor Alberto Celsius, diretor; a professora Ana Lúcia, que o senhor sabe quem é; e esta sua encantada correspondente. Haverá espaço para perguntas. O Felipe diz que ele merece ser o primeiro, pois foi o catalisador da videoconferência. Olha a pretensão do fedelho. Claro que nossas perguntas, especialmente aquela do PS, são somente nossas e não comentei com ninguém. Acredito que haveria algumas alunas crentes que boicotariam a atividade se soubessem de suas posturas ateias.
Esse comentário provoca a minha pergunta de hoje: quando se fala em religião e ciência, o senhor advoga a existência de campos dicotômicos? Então, como o senhor mesmo questionou, por que a religião se faz tão presente em discussões como a nossa?
Professor Giordano, obrigada e adito (nos dois sentidos, como o senhor gosta de dizer no encerramento do blogue: acrescentar para completar/causar a dita de, tornar feliz. Aprendi uma

terceira acepção, fazendo algo que o senhor diz que faz muito: consultar dicionário: aditar também pode significar entrar) votos de um feliz inverno para o senhor. Com cada vez maior admiração,

Maria Clara

Não nos intimidam apenas as crentes, cujos estereótipos identificamos em nossas falas em quase todas as geografias: moças sem maquiagem, cabelos compridos e saias compridas e rodadas (jamais calças *jeans* como veste a maioria das jovens). Também não são as pudicas freirinhas que sorriem ruborizadas quando comentamos certas violências a traduções no *Cântico dos cânticos* ou o zelo pastoral dos curas que aumentaram as folhas de parreira em obras de arte renascentistas que representam o primeiro casal. Hoje há censores de nossos textos e palestras na universidade.

Cientistas de renome defendem o "*design* inteligente". A Sociedade Brasileira de Genética se posicionou dura e radicalmente contra a maquiagem que cientistas fundamentalistas tentam fazer no evolucionismo, travestindo-o com fraque curto, puído e muito mal cosido. Na edição de 28 de junho de 2012 de meu blogue transcrevo o "Manifesto da SBG sobre ciência e criacionismo colhido" no sítio oficial da entidade. Trata-se de uma peça de relevante valor, e ouso afirmar que mereceria ser estudada na abertura de qualquer curso de História e Filosofia da Ciência.

Essa avaliação não significa que, numa análise mais acurada, eu não possa reconhecer fundamentalismos (o que é natural) no referido manifesto. Vale ver aquela edição, pois contém posicionamentos multivariados.

De: Professor Giordano
Para: Maria Clara

Muito atenta Maria Clara,

tu continuas oferecendo boas interrogações para fazer "um diálogo de aprendentes", como muito bem batizaram o encontro que se aproxima. Vou te confessar que sinto já uma ponta de nervosismo. É mais uma estreia na história quase cinquentenária de meu ser professor. Vou tentar respostas às duas questões.
Houve/há um aparente triunfo da ciência. Os homens e as mulheres, com a ciência, têm resolvido problemas significativos: diminuição do trabalho físico, aumento da longevidade com novos remédios e alimentos e próteses de parte do corpo (estas já começam a ser possíveis até por clonagem). Parece muito provável – e não se quer passar a ideia de que a ciência seja uma fada benfazeja, até porque ela também se assemelha muito a um ogro – quanto ela melhorou, de um lado, a qualidade de vida dos seres humanos.
A respeito desse binarismo, há um tempo eu acreditava que a ciência era ora uma fada benfazeja, ora uma bruxa; ao fazer outras leituras acerca da bruxaria, que estão no livro *Educação conSciência* (Chassot, 2003c), revi vários conceitos sobre as bruxas – tendo-as como polo das disputas pelo conhecimento entre homens e mulheres – e passei a dizer que a ciência era ora uma fada benfazeja, ora um ogro maligno. Fiquei assim no eterno duelo entre o Bem e o Mal, que diferia do anterior apenas na personificação do Mal. Mais recentemente, abandonei essa dicotomia e aderi a outra metáfora para ciência, que aprendi com Collins e Pinch (2003). Mesmo que seja mais po-

lêmica, parece-me mais adequada. Afirma que a ciência se parece mais com o Golem (Goilem), ente da mitologia judaica que é descrito como um gigante de barro que desconhece sua verdadeira força e se assemelha muito a um bobão, mas tem ações às vezes de sábio e outras de sabido.

Parece indiscutível que não tenhamos conseguido administrar as conquistas da ciência. Lamenta-se que, em 11 de setembro de 2001, 3 mil inocentes foram mortos no ataque às torres gêmeas do World Trade Center. Hoje, a cada dia, morrem dez vezes mais pessoas devido à falta de água potável[7]. Mesmo que os apregoadores dos transgênicos apresentem soluções para a produção de alimentos por menor custo, assistimos ao aumento da miséria, com mais homens, mulheres e especialmente crianças morrendo de fome. O sociólogo polonês Zygmunt Bauman (2005) refere-se à existência de "resíduos de humanos" e fala no crucial dilema que vive o planeta diante de um fenômeno novo e sem precedentes que representa uma crise aguda: a "indústria do tratamento de resíduos humanos" se encontra sem condições de "efetuar as descargas e sem instrumentos de reciclagem, ao mesmo tempo que a produção desses resíduos não diminui e aumenta rapidamente em volume". Esse é outro doloroso e cruento lado da moeda dessa ciência aparentemente triunfadora.

E aqui talvez pudéssemos pensar em uma não dicotomia. Não poderia haver um espaço privilegiado das religiões para o chamamento à concórdia e à recordação de princípios éticos. Assim não se prognostica um choque entre o racionalismo científico e

---

7. Ouvi essa afirmação dolorosa do economista italiano Ricardo Petrella, professor na Universidade Católica de Lovaina, Bélgica, em palestra proferida na Unisinos. Para mais informações, ver Petrella, 2004.

a autoridade da fé. Ao contrário: à ciência estaria reservado o papel de explicar e transformar o mundo; já as religiões, entre outras práticas que lhes são funções históricas, como a re-ligação dos humanos ao divino, deveriam, com outros grupos organizados de movimentos sociais, garantir que essas transformações fossem para melhor. Parece pouco? Ao contrário, é muito. São utopias, mas...
Agora me remetes à tua outra questão: por que religião é tão presente em discussões como esta?
Encontro pelo menos três dimensões para que eu tantas vezes traga a religião para as discussões acerca da alfabetização científica. Lateralmente anuncio meu desejo de ainda expandir esse conceito. A segunda e a terceira já referi em minha segunda mensagem, mas penso que merecem ser ampliadas aqui.
Primeira: religiosos ou não, a religião está muito presente em nossa vida. Ela invade, ou melhor, captura nossa vida civil. Poderia te elencar muitas situações. Por que não trabalhamos aos domingos, ou por que em Israel se guarda o sábado ou em países islâmicos a sexta-feira é o dia de descanso? Essa lei, na tradição judaico-cristã, está na Torá. Em boutade (na acepção de frase espirituosa ou irônica, geralmente sutil, original e imprevista), a mim agrada dizer que gostaria de professar as três grandes religiões monoteístas, dizendo-me islâmico às sextas-feiras, judeu aos sábados e cristão aos domingos. A rigor, nem o judaísmo nem o cristianismo são religiões monoteístas – este é trinitário e aquele é henoteísta, forma de religião em que se cultua um só Deus sem que se exclua a existência de outros. Assim, apenas o islamismo é rigorosamente monoteísta.
Por que no Brasil é feriado em 12 de outubro e em muitas cidades em 2 de fevereiro, por exemplo? Por que em municípios

de tradição luterana é feriado em 31 de outubro? Recorda uma visita de Bento 16 ao Brasil, quando até emissoras de televisão ligadas a igrejas neopentecostais apresentavam papa de manhã, papa de tarde e papa de noite. Assim, repito, vivemos em um mundo religioso.

A segunda dimensão a considerar é a crescente expansão do fundamentalismo. Acerca desse óbice eu começaria dizendo que ele cruza pelo "não diálogo entre ciência e fé". Em 2009, quando celebramos o ano darwiniano, comemoramos o bicentenário do nascimento de Charles Robert Darwin e o sesquicentenário da publicação do livro *A origem das espécies* por meio da seleção natural (1859); esse tema aflorou forte no confronto entre evolucionismo e criacionismo.

A visão atual da vida é competentemente trazida por uma teoria científica que costuma ser expressa como "teoria da evolução". Ela traz uma visão que unifica os diversos domínios das ciências da vida: a genética, a biologia celular, a paleontologia e a fisiologia. Explica a unidade e a diversidade dos seres vivos como um todo coerente respaldado pelas leis da biologia – uma apresentação em arborescência delineia a história da formação dos entes vivos. Mas há os que a rejeitam. E os argumentos destes são térreos: os livros sagrados dizem diferente.

Há outras manifestações em que a leitura religiosa tem a marca do fundamentalismo. Todavia, fundamentalistas ainda os há, lamentavelmente, em todas as áreas do conhecimento, inclusive nas ciências.

Há não muitos meses, numa tentativa que buscava fechar as Escolas Itinerantes do MST, um procurador de Justiça do Rio Grande do Sul, que não merece que lhe decline o nome, foi fundamentalista. Ao tomar conhecimento das declarações de Dom Xavier Giles, presidente da Comissão Nacional da Pastoral da Terra, ele disse: "Pode vir qualquer padreco falar o que quiser, mas não podemos permitir que se use o dinheiro público para pagar professor que é indicado e finge dar aula. Querem dar um ensino a Fidel Castro, e isso não é possível". Esse magistrado não é menos fundamentalista do que os indivíduos que, empunhando o Corão, pedem o fuzilamento de uma professora britânica detida porque ingenuamente deu o nome de Maomé a um ursinho de pelúcia em uma sala de aula de crianças de 7 anos.

No livro *Para entender o fundamentalismo* (Dreher, 2002) encontrarás resposta para as dúvidas que hoje carregamos sobre o tema. O professor e pastor luterano Martin Dreher nos oferece, em linguagem acessível, dados esclarecedores sobre o fundamentalismo ao longo dos tempos.

A terceira dimensão é algo novo: a ateologia – que já em minha segunda mensagem pretensiosamente ousei conceituar. Trago aqui e agora algumas sugestões de leitura para ampliar aquilo que antes referi de modo breve.

Mais recentemente, no mercado editorial mundial surgiu um significativo número de títulos que se transformam em sucesso de vendas – e também de discussões – e poderiam receber a classificação de ateológicos, isto é, mostram possibilidades de um mundo onde se prescinda de Deus ou deuses e, por extensão, de religiões. Diz-se que a publicação de livros "ateológicos" no século 21 já superou, em números, aqueles assim classificados no século 20. Os fundamentalistas religiosos encaram o fenômeno como uma tentativa dos ateus de fazer uma queda de braço com os religiosos, procurando dar sentido a uma vida sem religião. Quando falo desses livros, digo que "os ateus estão saindo do armário"! Recordo que há não muito, ao fazer palavras cruzadas, a acepção para "homem mau de quatro letras" era "ateu". Quando comentei esse fato em um congresso, o professor Arden Zylbersztajn, da UFSC, acrescentou com graça: "E de cinco: judeu!"

Dos livros antes mencionados há dois que "fizeram a minha cabeça" mais recentemente. São recomendados àqueles que desejarem fazer uma leitura mais crítica do papel das religiões na história dos homens e das mulheres: *Deus, um delírio* (2007) e *Tratado de ateologia* (2007).

No primeiro, o autor, um dos mais respeitados cientistas da atualidade, num texto sagaz e sarcástico, ataca impiedosamente o que considera um dos grandes equívocos da humanidade: a fé em qualquer divindade sobrenatural. Richard Dawkins (nascido em Nairóbi em 26 de março de 1941) é conhecido principalmente pela sua visão evolucionista centrada no gene.

O segundo foi escrito por um filósofo muito popular da França na atualidade: Michel Onfray. A obra é um ataque pesado ao que o autor classifica de "os três grandes monoteísmos". Segundo Onfray, por trás do discurso pacifista e amoroso, o cristianismo, o islamismo e o judaísmo pregam na verdade a destruição de tudo que represente liberdade e prazer: "Odeiam o corpo, os desejos, a sexualidade, as mulheres, a inteligência e todos os livros, exceto um". Essas religiões, afirma o filósofo, exaltam a submissão, a castidade, a fé cega e conformista em nome de um paraíso fictício depois da morte.

Maria Clara, temos assunto para muita conversa. Só uma observação importante: a ciência não tem uma agenda para terminar com as religiões. Proponho um diálogo entre as duas. Ser ateu não é fazer proselitismo da ateologia. Mas é hora de encerrar esta mensagem que se alongou. Até uma próxima.

Giordano

PS.: Talvez uma utopia: não se prognostica um choque entre o racionalismo científico e a autoridade da fé. Ao contrário: à ciência estaria reservado o papel de explicar e transformar o mundo; às religiões estaria destinado garantir que essas transformações fossem para melhor.

De: Maria Clara
Para: Professor Giordano

Bingo! Professor Giordano,

Perfeito. Estou encantada com suas respostas. Aqui dizemos "Bingo!" para festejar uma vitória. Agora, às glórias para a televista à UniFlorestania, na próxima sexta-feira. Chego a perder o sono imaginando tudo. E, como parceiros que somos (não que o senhor precise de minha ajuda), antecipo aquela que será a minha pergunta mais preparada: o senhor coloca que alfabetização científica é saber a linguagem em que está escrito o mundo natural, mas nos seus discursos acerca da alfabetização científica o senhor rompe fronteiras e chega a propor, sem fazê-lo de maneira explícita, que alfabetização científica é algo bem mais amplo que explicar o nosso mundo natural. O senhor concorda comigo?
Qual seja sua resposta, professor Giordano, na sua televisita vou dizer: "Bingo! O senhor (con)venceu!" Até, então,

Maria Clara

Nesse texto que está sendo relido aqui, o diálogo entre aprendentes se encerra. A última fala do professor Giordano, como todas, lembra algo que está na obra *Alfabetização científica: questões e desafios para a educação* quando falo de aprendizagens fora da sala de aula. Lembro-me sempre de uma passagem muito conhecida de

José Hernandez no Martín Fierro, o épico gauchesco, na qual o velho Vizcacha, ladino como animal[8] que lhe empresta o nome, ao dar conselhos ao filho de Fierro diz algo que sempre cito para justificar por que me arvoro no direito de dizer certas coisas: "El primer cuidado del hombre es defender el pellejo; llévate de mi consejo, fíjate bien en lo que hablo: el diablo sabe por diablo, pero más sabe por viejo"[9]. Ou simplesmente: "O diabo tem mais de diabo por ser velho do que por ser diabo". Chamamos isso de a voz da experiência. Vejamos mais um aular do velho professor.

De: Professor Giordano
Para: Maria Clara

Bingo também para ti, Maria Clara!

Juntos, parece que fizemos aquilo que (a)venturo-me a chamar da síntese desse "diálogo de aprendentes" que construímos nestas últimas semanas: a ampliação do conceito de alfabetização científica. Disseste com adequação: transgredimos fronteiras. Há não muito tempo, escrevi no meu blogue algo acerca de Kierkegaard. Um leitor, graduado em História, aditou um comentário que para mim faz a sacação de minha proposta: uma

---

8. Viscachas ou vizcachas são roedores de dois gêneros (*Lagidium* e *Lagostomus*) da família das *Chinchillidae*. Eles estão intimamente relacionados com chinchilas e parecem coelhos, merecendo destaque sua cauda longa e muito bonita. Há cinco espécies de viscachas.

9. O primeiro cuidado do homem é defender a pele; usa de meu conselho. Presta bem atenção no que digo: o diabo sabe não por ser diabo, mas por ser velho.

expansão da dimensão da alfabetização científica: "Já ouvi falar sobre as obras de Kierkegaard, por influência de amigos de outros cursos de ensino superior, mas desconhecia muito sobre a vida dele e a influência que teve ao elaborar sua obra. Como sempre, seu blogue alfabetiza cientificamente, também, aqueles que se consideram alfabetizados". Quando Marcos Vinicius Pacheco Bastos vê que falar em Kierkegaard, ou falar no mito da Torre de Babel, ou discutir possibilidades de crianças serem educadas em casa em vez de ir à Escola, ou falar no modelo da Ålborg Universitet, ou comentar sobre mentefatos ou neopatia ou falar de sagu, de arenque, de fábula econômica, do ano darwiniano ou do copernicano, da babá de Descartes ou relatar viagens ou trazer os diários de um mestre-escola – só para referir assuntos de algumas blogadas –, tudo isso é fazer alfabetização científica, por mais díspares que tais assuntos possam parecer. Assim, aqui e agora, ratifica-se que não existe uma ciência autônoma. Invoco duas razões para a afirmação.

A primeira, decorrente de uma análise epistemológica: não é possível conhecer a Física sem saber Matemática; não é possível saber Química sem saber Física; ou conhecer Biologia sem saber Química. Se houver uma ciência autônoma, talvez essa seja a Matemática, que também prescinde da Lógica.

A segunda, nossa continuada tentativa, especialmente na educação nas ciências, de posturas transdisciplinares – isto é, com sistemática transgressão das fronteiras disciplinares. Aliás, a acentuada disciplinarização das ciências – colocar cada uma delas em gavetas independentes ou autônomas – é uma façanha muito bem-sucedida da Escola, bem a gosto de alguns especialistas. Assim, ratificam-se os textos que tenho escrito (Chassot, 2008; 2009), propondo a migração das disciplinas à indisciplina, com uma expansão de fronteiras para a educação científica e para a alfabetização científica.

Na Constituição brasileira, um dos objetivos da educação é a preparação de homens e mulheres para o exercício da cidadania. Entre os fins definidos pela Lei de Diretrizes e Bases da Educação Brasileira, a educação deve estimular o conhecimento dos problemas do mundo presente.
Assim, o ensino de Química que defendo deve ser encharcado politicamente: não ferreteado em uma política partidária. Não se busca bradar dogmas e palavras de ordem, mas com a ciência despertar a consciência para a realidade social.
Agora, Maria Clara, nos vemos – sim vamos nos ver pela primeira vez – na televisita à UniFlorestania. Será uma continuação de nosso "diálogo de aprendentes".
Com muita expectativa,

Giordano

Meu caro colega e amigo Bizzo, não sei se com essa releitura de um texto seminal "fiz a lição" proposta pela coordenadora. Procurei trazer algumas das concepções de ensino de ciências que venho amealhando e tecendo em quase 52 anos de magistério. Minhas sementes foram lançadas. Sonhamos que tu e eu possamos coparticipar com cada uma e cada um dos leitores do livro que se pretende produzir ter um viçoso seminário (na acepção de viveiro de plantas). Tomara que na proposta da Valéria possamos continuar com o "diálogo de aprendentes"!

Referências bibliográficas

AZEVEDO, Jose Clovis de. *Reconversão cultural da escola: mercoescola e escola cidadã.* Porto Alegre: Sulina, 2007.

BAUMAN, Zygmunt. *Vidas desperdiçadas*. Rio de Janeiro: Jorge Zahar, 2005.

CHALMERS, Alan Francis *O que é ciência, afinal?* São Paulo: Brasiliense, 1993.

CHASSOT, Attico. *Para que(m) é útil o nosso ensino de química?* Tese (Doutorado em Educação). Programa de Pós-Graduação em Educação da UFRGS, Porto Alegre (RS), 1994a.

_____. *A ciência através dos tempos*. São Paulo: Moderna, 1994b.

_____. "Alfabetização científica: uma possibilidade para a inclusão social". *Revista Brasileira de Educação*, São Paulo, n. 22, 2003a, p. 89-100.

_____. *A ciência é masculina?* São Leopoldo: Unisinos, 2003b.

_____. *Educação conSciência*. Santa Cruz do Sul: EdUnisc, 2003c.

_____. *Para que(m) é útil o ensino?* 2. ed. Canoas: Ulbra, 2004.

_____. "Da química às ciências: um caminho ao avesso". In: ROSA, Maria Inês Petrucci; ROSSI, Adriana Vitorino (orgs.). "Educação química – Memórias, políticas e tendências". Campinas: Línea, 2008a, p. 217-34.

_____. *Sete escritos sobre educação e ciência*. São Paulo: Cortez, 2008b.

_____. "Blogues como artefatos culturais pós-modernos para fazer alfabetização científica". *Competência: Revista da Educação Superior do Senac-RS*. Porto Alegre, v. 2, n. 2, jul. 2009a, p. 11-28.

_____. "Da química às ciências: um caminho ao avesso". In: FÁVERO, Maria Helena; CUNHA, Célio da (orgs.). *Psicologia do conhecimento: o diálogo entre as ciências e a cidadania*. Brasília: Unesco/Representação do Brasil/UnB/ Liber Livro, 2009b, p. 218-32.

_____. "Diálogos de aprendentes". In: MALDANER, Otaviso Aloisio; SANTOS, Wildson Luiz Pereira dos (orgs.). "Ensino de química em foco". Ijuí: Unijuí, 2010, p. 23-50.

_____. *Memórias de um professor: hologramas desde um trem misto*. Ijuí: Unijuí, 2012.

COLLINS, Harry; PINCH, Trevor. *O golem: o que você deveria saber sobre ciência*. São Paulo: Ed. Unesp, 2003.

DAWKINS, Richard. *Deus, um delírio*. São Paulo: Companhia das Letras, 2007.

DREHER, Martin. *Para entender o fundamentalismo*. São Leopoldo: Unisinos, 2002.

ONFRAY, Michel. *Tratado de ateologia*. São Paulo: Martins Fontes, 2007.

PETRELLA, Ricardo. "Água: o desafio do bem comum". In: NEUTZLING, Inácio. *Água: bem público universal*. São Leopoldo: Unisinos, 2004, p. 9-31.

PINHEIRO, Francisco de Moura. "A invenção da Florestania". Trabalho apresentado no XIV Congresso de Ciências da Comunicação na Região Sudeste – Rio de Janeiro – 7 a 9 de maio de 2009 da Intercom – Sociedade Brasileira de Estudos Interdisciplinares da Comunicação.

PARTE II
Pontuando e contrapondo

Nelio Bizzo
Attico Chassot

Nelio Bizzo: Mestre Chassot é para mim muito mais do que um modelo, algo como uma miragem acadêmica. Certa vez, ao ouvi-lo falar, perguntei-me que química maravilhosa suas palavras tinham a mágica de despertar no interior dos meus neurônios. Como ele consegue escolher as palavras certas que despertam endorfinas e neurotransmissores, os quais instantaneamente ativam sinapses enferrujadas? Suas palavras são plenas de cultura e humanidade, que seus escritos deixam transparecer claramente. Esse diálogo é um privilégio que só tenho a agradecer – a ele, por ter aceitado de pronto o desafio; e a Valéria ainda mais, por ter me brindado com a surpresa do convite de participar desta empreitada que o leitor tem em mãos. Tenho certeza de que os leitores tradicionais de nosso mestre Chassot estão sentindo os efeitos imediatos de suas palavras e me arrisco a estender um pouco mais seu alcance com alguns comentários e questões.

Em primeiro lugar, quero explorar o tema do conteúdo. Passei décadas lutando contra o que chamamos "conteudismo", essa sanha irresistível de fazer nossos alunos memorizarem nomes complicados, que devem ser repetidos nos rituais de avaliação e solenemente esquecidos no dia seguinte. No entanto, no dia em que vi a avaliação do Sistema de Avaliação do Rendimento Escolar do Estado de São Paulo (Saresp) de 1999, fiquei quase fulminado. Quando externei minha perplexidade em um evento público e fui repreendido por uma pedagoga do "alto clero", acabei de me convencer de que muitos dos "inimigos do conteúdo", como eu me definia então, já faziam parte do chamado fogo amigo. E mudei de lado! Mas explico: continuo defendendo uma escola que ensine a ciência de modo que permita que nossos alunos entendam o que seriam incapazes de entender; e, mais, que percebam como o sistema não quer que eles compreendam verdadeira e criticamente as coisas, mas se qualifiquem como trabalhadores eficientes e acríticos. A ignorância absoluta já não permite a extração de mais-valia; isso funcionou até o século 19, mas a indústria e os serviços demandam um novo trabalhador.

Na prova do Saresp de 1999 havia uma questão sobre as consequências das descobertas dos satélites de Galileu feitas em Saturno — isso mesmo, Saturno! Bem, a Secretaria de Educação distribuiu uma publicação com os resultados das provas com comentários. Nessa questão o comentário era superelogioso. Astronomia e humanidades juntas, esse era o caminho para o holismo. Mas no meio do caminho havia uma pedra: Galileu não descobriu nenhum satélite em Saturno! A repreensão de que fui vítima dizia: "Ora, ora, Saturno, Júpiter... que diferença faz? Não seja impertinente!" Não adiantava dizer que minha ilustre debatedora não tinha ideia do que falava, não só de Astronomia como de humanidades.

Pois bem, meu querido Chassot, acho que faz muita diferença saber se estamos a tratar de Saturno ou de Júpiter, não quando conversamos entre amigos em um botequim, mas em especial quando estamos diante de um grupo de alunos. É nossa obrigação saber do que estamos falando; caso contrário, não seríamos reconhecidos socialmente nos últimos séculos como aqueles que professam o que sabem. Sim, se somos vistos como professores, devemos honrar essa justa expectativa social. E então aqui começa minha questão: será que "ensinar menos" não significa, na verdade, ensinar mais?

As disciplinas científicas têm extensão absurda e isso sim me parece resultado de um processo histórico, na pior linha do patrimonialismo tradicional brasileiro. Se os concursos públicos para cargos e para a universidade se valem desses conteúdos, há aí uma explicação para que se estabelecesse uma corrida perversa, na qual a escola de elite andava na frente, oferecendo sempre mais extensão. No entanto, como a lógica era perversa, a compreensão da realidade, a aplicação do que se aprende, sempre esteve em segundo plano. Portanto, não achas que a questão não é ir "contra o conteúdo", mas sim contra a perversidade curricular?

Attico Chassot: Muito querido Nelio! Primeiro, um comovido obrigado pela maneira generosa como te referes ao meu fazer alfabetização científica. Tu não fazes diferente. Mesmo que procedamos de cepas distintas, parece que a Valéria há de produzir, com nossas tentativas de dialogar acerca do fazer educação nas ciências, uma mistura perfeita segundo a qual docentes e discentes são aprendentes.

Na minha tese de doutorado, parte da qual se fez livro (Chassot, 2004a), mostrei que a maioria dos conteúdos de Química que ensinamos antes da universidade não serve para nada. Concordemos que essa é uma dolorosa conclusão para quem consumiu parte de sua vida ensinando essa matéria.

Então, cabe a pergunta: por que ensinamos ciência? E, muito provavelmente, não se faz isso para que tenhamos homens e mulheres que saibam, com os conhecimentos de ciências que têm, ler melhor o mundo em que vivem. Ainda é preciso ir além: o ensino das ciências precisa ajudar que as transformações que se fazem neste mundo sejam para que um maior número de pessoas tenha uma vida mais digna. É para isso que se busca hoje fazer uma alfabetização científica. Nossos alunos, assim, não precisam aprender, por exemplo, o que são isótonos, a classificação taxonômica de um vegetal ou definições do número um, quase incompreensíveis para os mais expertos algebristas.

Já perguntei, em mais de uma oportunidade, em auditório onde os presentes eram eminentes pesquisadores da área de Química (e pergunto, aqui e agora, a qualquer leitor deste livro), quem já precisou um dia saber o que são isótonos, salvo para responder a alguma indagação dessas que testam conhecimentos inúteis em vestibular. Não sem certo mal-estar, constatou-se que ninguém jamais precisou saber (e todos sabiam!) o que são isótonos. Mas os alunos e as alunas de escolas do ensino fundamental do interior deste Brasil sabem... Esse é um dos muitos exemplos de conhecimentos desnecessários que poderíamos amealhar com facilidade.

Nelio, perguntas se a questão não é ir "contra o conteúdo", mas sim contra a perversidade curricular? Teu questionamento tem duas dimensões: claro que não se faz alfabetização científica no abstrato. Precisamos de conteúdos. Mas, hoje, conteúdos não passam de informação (distam muito de conhecimento e mais ainda de saber), e em matéria de informação o Professor Google sabe mais do que o mais sábio (ou sabido) dos professores.

Luta-se, cada vez mais, para superar tempos em que não se escondia que a transmissão (massiva) de conteúdos era o que importava. Um dos índices de eficiência de um professor – ou de um transmissor de conteúdos – era a quantidade de páginas repassadas aos estudantes, os receptores. Era preciso que os alunos se familiarizassem (aqui, familiarizar poderia até significar simplesmente saber de cor) com as teorias, com os conceitos e os processos científicos. Um estudante competente era aquele que sabia, isto é, era depositário de conhecimentos. Talvez mais de um de vocês possa recordar quantos conhecimentos inúteis amealhou – em especial quando foram feitas as primeiras iniciações na área das Ciências – e há muito, afortunadamente, os deletou. Quantas classificações botânicas, quantas famílias zoológicas cujos nomes ainda perambulam na memória como cadáveres insepultos, quantas configurações eletrônicas de elementos químicos, quantas fórmulas de física sabidas por um tempo – até o dia de uma prova, de uma olimpíada ou de um vestibular – e depois desejadamente esquecidas.

Talvez hoje nosso maior desafio seja procurar ensinar algo que sirva para o exercício de uma cidadania mais crítica. A Biologia, a Física, a Matemática, a Química que ensinamos devem ajudar a transformar o mundo, mas transformá-lo para melhor. Não é sem razão que se tem recomendado às professoras e aos professores que ensinem menos, mas com os poucos conteúdos escolhidos tendo real utilidade na vida dos estudantes. Isso talvez surpreenda a alguns de meus leitores. O ensino fundamental e o ensino médio não são para formar cientistas.

Encerro minha resposta à primeira pergunta recordando que tive a disciplina de Geografia em quatro anos do ginásio, que corresponderia hoje do 6.º ao 9.º ano do ensino fundamental, e em três anos do curso científico (hoje ensino médio). Não recordo de nada que tenha aprendido de significativo então. Não me lembro de uma única aula de Geografia que tenha feito diferença em minha história.

Recordo-me do livro usado: era de autoria de Aroldo de Azevedo, que deve ter sido adotado no ginásio e no científico. Sei que estudei (hoje não sei mais) afluentes da margem direita e da margem esquerda do rio Amazonas. Aprendi a comparar a extensão dos rios Amazonas, Nilo e Mississipi. Sabia que São Francisco era o "rio da unidade nacional". Também recordo que aprendi que no Nordeste havia rios intermitentes e me lembro deles representados pontilhados nos mapas.

Aprendi as capitais dos estados brasileiros e também de países da Europa e da Ásia. Na África parecia só haver três países.

Outro assunto ensinado eram os tipos de vegetação, mas não sei bem explicar porque hoje estou na região do agreste. Soube o que eram tundras, estepes e savanas, mas acho que essas vegetações ficavam na Rússia. Sabia que no Brasil não havia desertos nem terremotos, pois éramos um povo querido pelo Criador, que nos abençoara com lindas praias. Nessa dimensão recordo de aulas de corografia (descrição particular de uma nação ou de uma área geográfica).

Sabia o que eram nuvens cúmulo-nimbo e outras mais, que não sei, hoje, distinguir, mesmo que seja um encantado observador de nuvens.

Não sei dizer por que o Guaíba agora é um lago, e não mais um rio, mesmo tendo aprendido a diferença entre rios e rias, e estas só me remetam a Aveiro.

Só tínhamos aulas de Geografia Física. Não me lembro de nenhuma aula de Geografia Humana. Tenho a sensação de ter aprendido mais Geografia colecionando estampas Eucalol que em aula.

Nelio Bizzo: Sua historinha sobre a escola me lembra outra, que inseri em um artigo recente para o editorial do *Journal of Biological Education*, escrito em conjunto com uma colega que trabalha em Roma, Silvia Caravita. Ela diz que as escolas do tempo das cavernas ensinavam os meninos a fazer fogueiras para espantar os tigres-dentes-de-sabre. Mas quando veio o período glacial esses grandes felinos foram extintos, e parte de seu nicho ecológico foi ocupada pelos ursos, que são atraídos por fogueiras. Mas as escolas continuaram a ensinar os meninos a acender fogueiras! Essa historinha foi criada por Ralph Tyler (1902-1994), o educador estadunidense que escreveu muito sobre currículo e estava interessado em promover a inovação nas escolas.

Essas historinhas sobre as escolas nos mostram que elas são instituições sociais com características inevitáveis. Falemos das igrejas, então... Ora, em meados do século 16 a Igreja Católica se reuniu para discutir se a versão da Bíblia em uso há cerca de 1.300 anos era mesmo uma tradução fiel... Ou falemos dos hospitais, que nasceram mais ou menos nessa época, ou das prisões, das Forças Armadas, para não mencionar o Parlamento! Ora, instituições sociais não primam pela agilidade, ao contrário! Manter a inércia social é justamente uma de suas obrigações.

As escolas não primam pela agilidade organizacional, mas será que todos os seus detalhes serão reflexo de uma "perversidade" social, que busca simplesmente tornar os alunos competidores frios, inescrupulosos e individualistas? Tornei-me professor lendo *Cuidado, escola!* (Harper et al., 1982), *Sociedade sem escolas* (Illich, 1985) e muito dos pós-modernos franceses, mas depois de 30 anos como professor me pergunto: o que seria da opressão se não houvesse escolas? Onde Paulo Freire via o exercício da pedagogia do oprimido?

Por que ele aceitou ser secretário de Educação, gerente de uma rede de cerca de mil escolas e um milhão de alunos? E aqui vai minha questão: será que quando apontamos as "neopatias", como você bem as chamou, como potenciais virtudes da escola não estamos caindo na tentação de apagar a história dessa instituição, negando-lhe o processo dialético de que é fruto, de instituição opressora, de "aparelho ideológico de Estado" e, ao mesmo tempo, de qualificação cultural e laboral, individual e coletiva, e ainda a possibilidade de negação, superação da contradição e caminho para a transformação? A apresentação a-histórica da escola não será, ela mesma, altamente ideológica?

Attico Chassot: Primeiro, obrigado por ressuscitar-me Ralph Tyler. Há muito ele estava esquecido. Não conhecia a "historinha" da escola que continua tentando espantar os tigres-dentes-de-sabre. Realmente é preciso usar motivações que assustem: estudem, senão o boi da cara preta vem pegar vocês!

Mas há outro convite do Nelio: olharmos o papel da Igreja (continuamos viciados e pensamos ainda como no final da Idade Média: falamos em uma igreja; leia-se: igrejas). É histórica a relação da educação com as igrejas no mundo ocidental. Como vimos, no século 12, quando surgiu a universidade – ressalvada a primeira (a Universidade de Bolonha) –, todas as demais apareceram à sombra das catedrais. A Escola, no formato que conhecemos hoje, legado da modernidade, surge com marcas eclesiais: Reforma Protestante (1517) e Contrarreforma (por exemplo, a fundação da Companhia de Jesus, em 1531).

Assim, nos dias atuais, universidade e Escola – públicas, confessionais ou laicas – são ainda marcadas por algo muito forte, muito presente e muito maneira de ser em sua matriz eclesial: o dogmatismo. A Universidade e a Escola eram/são dogmáticas. Contei na primeira parte a historinha dos nomes das caravelas de Cabral. Essa situação não parece estar de todo superada.

Ainda nos dias atuais é significativa a presença de diferentes denominações religiosas na educação básica e na educação superior. No Brasil, especialmente o ensino superior confessional é feito por igrejas tradicionais (católica, luterana). Talvez a chegada das "igrejas modelo brasileiro" ("neopetencostais" ou da "teologia da prosperidade") à apetecível fatia do comércio da educação superior seja fatal.

Os tempos hoje são outros e seria imaginável pensar em censuras (e condenações) como receberam, por exemplo, Bruno, Galileu, Abelardo e muitos outros. Por serem outros os tempos, há surpresas. Inesperadamente somos levados ao obscurantismo. Eis que uma Igreja, mantenedora de uma universidade com *campi* em diversos estados brasileiros e uma vasta rede de escolas, faz chegar a seus professores, em 2010, manifestação de admoestação, da qual trago excertos:

> A Igreja Luterana do Brasil, em acordo com a Sagrada Escritura, denuncia na homossexualidade um desvio do propósito criador de Deus, fruto da corrupção humana que degrada a pessoa e transgride a vontade de Deus expressa na Bíblia. "Com homem não te deitarás, como se fosse mulher: é abominação. Nem te deitarás com animal, para te contaminares com ele, nem a mulher se porá perante um animal, para ajuntar-se com ele: é confusão. Portanto guardareis a obrigação que tendes para comigo, não praticando nenhum dos costumes abomináveis que praticaram

antes de vós, e não vos contamineis com eles: Eu sou o Senhor vosso Deus" (Levítico 18.22,23,30); "Por isso Deus entregou tais homens à imundícia, pelas concupiscências de seus próprios corações, para desonrarem os seus corpos entre si; semelhantemente, os homens também, deixando o contato natural da mulher, se inflamaram mutuamente em sua sensualidade, cometendo torpeza, homens com homens, e recebendo em si mesmos a merecida punição do seu erro" (Romanos 1.24,27); "Ou não sabeis que os injustos não herdarão o reino de Deus? Não vos enganeis: nem impuros, nem idólatras, nem adúlteros, nem efeminados, nem sodomitas, nem ladrões, nem avarentos, nem bêbados, nem maldizentes, nem roubadores herdarão o reino de Deus" (1 Coríntios 6.9-10).

Diante disto repudiamos a ideia de se conceder à união entre homossexuais o caráter de matrimônio legítimo porque contraria a vontade expressa de Deus e dificulta, se não impossibilita, a oportunidade de tais pessoas revisarem suas opções e comportamento.

Repudiamos também, por consequência, a hipótese de ser dada a um casal homossexual a adoção e guarda de crianças como filhos, porque entre outros prejuízos de formação formará na criança uma visão distorcida da sua própria natureza.

Fiéis ao nosso lema [...], ensinamos que a Igreja renova também o seu compromisso de receber pessoas homossexuais no amor de Cristo, visando que a fé em Jesus as transforme para a nova vida da qual Deus se agrada.

Assim, ainda no século 21, vemos seguidores que se originaram de um dos atos mais libertários – cisão entre a Igreja romana e a alemã no século 16 — influindo e dogmatizando a Escola. Não entramos aqui numa vertente espinhosa: as escolas de ensino fundamental e médio mantidas por igrejas fundamentalistas, onde se ensina o criacionismo e se veta o evolucionismo. Isso há de aparecer em outra rodada de questionamentos.

Vejamos a segunda pergunta: "A escola é instituição opressora, de 'aparelho ideológico de Estado' e, ao mesmo tempo, de qualificação cultural e laboral, individual e coletiva, e ainda a possibilidade de negação, superação da contradição e caminho para a transformação?" A Escola, desde a sua gênese — Reforma Protestante e Contrarreforma Romana, no século 16 —, foi/é um aparelho de dominação/evangelização/imposição/reprodução. Quando lemos os críticos pós-modernos à Escola (Bourdieu, Grignon, Passeron, Althuser e outros), sempre aprendemos a vê-la como aparelho de reprodução do Estado. Posso parecer ingênuo, mas sempre o achei incompetente para fazer da Escola um "aparelho ideológico", salvo, é claro, nos regimes totalitários, quando o uso dela é igual àquele que fazem as igrejas.

Quanto à a-historicidade da Escola, desconheço suas conseqüências. O que parece impressionante é que os professores não saibam que a Escola é do século 16 e a universidade é do 12, não se precisando da Escola para ir à universidade — privilégio da nobreza e do clero. A história da Escola brasileira parece pobre e tenuemente pautada pela legislação oficial, como a Lei de Diretrizes e Bases da Educação nacional.

Nelio Bizzo: Pois bem, querido Chassot. Na crítica do saber disciplinar, institucionalizado, não se projeta uma pecha de saber estatal, pesado e burocratizado, acenando com uma perspectiva neoliberal de um saber eclético, empreendedor, sedutoramente anárquico? Será que a profundidade do saber disciplinar não está sendo desprezada em favor da superficialidade e da frugalidade de um "novo saber" que a Escola deveria passar a ter o dever de ministrar – e só encontrar em certas apostilas regiamente pagas? Edgar Jenkins, da Universidade de Leeds, não tem razão quando aponta para a falta de base comum das ciências, de suas tradições e comunidades díspares, questionando a "fabricação" de uma "ciência escolar"?

Attico Chassot: Agora tento amealhar respostas à tua terceira pergunta: esta envolve um assunto muito relevante. As discussões acerca do tema têm pelo menos duas dimensões: a primeira demandaria uma discussão "generalista *versus* especialista"; a segunda visaria descobrir os saberes escolares que garantem uma "razoável" alfabetização científica nos estudos que precedem à universidade.

Sabemos que a ciência cresce, particularmente, pelas ações dos especialistas. Todavia, os generalistas, com sua visão mais holística do mundo, são cada vez mais importantes não só para transmitir os saberes científicos, mas também para indicar possíveis direções para que os especialistas possam conduzir espraiamentos da ciência. Talvez devêssemos sedimentar o pressuposto de que o ensino fundamental e o médio não são locais para formar especialistas. Aliás, vale o mesmo para os cursos de graduação.

Há uma anedota escolar que sempre aflora quando se traz essa discussão. Narro-a em dois cenários.

Manhã de segunda-feira, em um curso de licenciatura: "Professor, o senhor viu, na noite de ontem, na televisão, aquela experiência que fizeram num *show* de ciência? Qual é a explicação?" "Vi, sim! Esse é um assunto de Química, eu sou físico." Procurado o professor de Química, ele responde que o experimento é importante na área de Química Orgânica, mas... ele é inorgânico! O professor de Química Orgânica, ao ser questionado, responde que sua área é a de compostos acíclicos, e o problema envolve compostos cíclicos. Buscado um especialista em compostos cíclicos, este sublinha a importância do problema, mas diz tratar-se de compostos com anéis hexagonais, mas em seu doutoramento ele trabalhou com compostos com anéis pentagonais. Procurado um novo *expert*, este diz que realmente é uma significativa questão envolvendo anéis pentagonais – assunto que já lhe rendeu várias publicações e um pós-doutoramento –, mas sempre teve seu campo de investigação em anéis pentagonais homocíclicos, no caso em tela trata-se de compostos com anéis heterocíclicos. Poderíamos continuar nossa história por mais meia dúzia de especialistas que só entendem de seu mundinho.

Um segundo cenário: manhã de segunda-feira, em uma escola de ensino fundamental: mesma pergunta inicial, para o professor de ciências. Certamente, com uma visão holística do mundo, traria uma resposta que satisfaria a curiosidade do aluno.

Em outro texto (Chassot, 2009) eu dizia: a história da humanidade, pelo menos no mundo ocidental, é marcada por disciplinamentos. Na história da ciência, e também na história da educação, essas marcas se fazem bastante visíveis, em especial nas três grandes revoluções pelas quais a área passou: a revolução copernicana, nos séculos 16 e 17, definidora do nascimento da Física moderna; a revolução lavoisieriana, no Século das Luzes, que impulsionou a Química; e a darwiniana, no século 19, que impeliu o crescimento da Biologia. A partir de então, houve o adensamento de cada vez mais posturas disciplinares, marcadas por uma rígida compartimentalização de disciplinas, tornando-se essas áreas quase impermeáveis e incomunicáveis entre si. Ainda mais: em cada uma dessas disciplinas surgiram campos de saberes tão particulares que passaram a se caracterizar como novas disciplinas. Por exemplo, a química se esfacela – escolhi muito a propósito a ação e o tempo verbal –, entre outras, em disciplinas como, Físico-química, Química Inorgânica e Química Orgânica. Essas três macrodisciplinas podem ter dezenas de outras divisões, como Astroquímica, Bioquímica, Geoquímica...

Mesmo que se possa dizer que a disciplinarização é consequência da especialização do conhecimento, há um constructo epistemológico que parece conformar nosso ser disciplinar. Fomos moldados assim. Há racionalizações que concorrem com as revoluções científicas, determinando a construção de paradigma epistemológico que, ousaria dizer, é paralelo àqueles estabelecidos nas revoluções científicas antes citadas, muito especialmente quando usamos óculos como os apreendidos de Thomas Kuhn (1991).

Uma vez mais remeto ao meu texto de abertura, quando invoco duas razões para abandonarmos a disciplinarização. A primeira decorre de uma análise epistemológica: não é possível conhecer a Física sem saber Matemática; não é possível conhecer Química sem saber Física; se há uma ciência autônoma, talvez essa seja a Matemática, que também prescinde da Lógica.

A segunda razão aborda nossa continuada tentativa, especialmente na educação nas ciências, de posturas transdisciplinares – isto é, com sistemática transgressão das fronteiras disciplinares. Aliás, a postura contrária, a acentuada disciplinarização das ciências – colocar cada uma delas em gavetas independentes ou autônomas –, é uma façanha muito bem-sucedida da Escola, bem a gosto de alguns especialistas.

Definições oficiais – portanto não mais nossas propostas sonhadoras – estão na busca de interconexões entre as disciplinas escolares, e isso quer responder à pergunta acerca do que se deveria aprender na Escola. Consideremos as definições curriculares oficiais de um "novo ensino médio". O currículo disciplinar é substituído pelo currículo em áreas. A organização do conhecimento escolar foi estabelecida em três áreas: linguagens, códigos e suas tecnologias (língua portuguesa, língua estrangeira moderna, educação física, artes e informática); ciências da natureza, matemática e suas tecnologias (biologia, física, química e matemática); e ciências humanas e suas tecnologias (história, geografia, filosofia, antropologia e política e sociologia).

Essa divisão - numa ação oficial - tem como base reunir em uma mesma área aqueles conhecimentos que compartilham objetos de estudo e, portanto, que mais facilmente se comunicam[1], criando condições para uma prática escolar de interdisciplinaridade, dentro de uma perspectiva interdisciplinar e contextualizada, em oposição à fragmentação e descontextualização do ensino disciplinar.

Parece que há um convite – rejeitado por muitos professores e escolas – para abandonarmos posturas disciplinares (cartesianas) e nos convertermos em sujeitos indisciplinares (feyerabendianos), como discorro em Chassot (2009).

---

1. Ministério da Educação (MEC), Secretaria de Educação Média e Tecnológica (Semtec). Parâmetros Curriculares Nacionais para o Ensino Médio. Brasília, MEC/Semtec, 1999, 4 volumes (versão disponível no sítio do MEC).

Tua terceira pergunta é mais arguta e densa que estas minhas tentativas de resposta. Talvez voltemos ao assunto em uma próxima rodada.

Ainda ligado a essa questão, queria tua opinião sobre um dos livros que mais me marcaram: *O mundo assombrado pelos demônios – A ciência vista como uma vela no escuro*, de Carl Sagan (2000). Nele aprendi que ensinar ciência não é jogar sementes ao vento. Falamos de diamantes, sejam alunos ou saberes, que apenas a improbidade recomenda lançar à própria sorte.

Nelio Bizzo: Você não acha que Sagan foi direto ao ponto, na linha do saudoso John Ziman (1996), mostrando que a ciência, se é produto do capitalismo, é ao mesmo tempo um instrumento poderoso para sua transformação?

Attico Chassot: Essa tua quarta pergunta me anima a comentar *O mundo assombrado pelos demônios*, texto que poderia ser o livro de cabeceira de professores que pretendem fazer alfabetização científica. Há passagens emocionantes em cada um dos seus 25 capítulos.

Gosto de citar um parágrafo para meus estudantes que se sentem menos por "não ter berço na ciência": "Meus pais não eram cientistas. Não sabiam quase nada sobre ciência. Mas, ao me apresentar simultaneamente ao ceticismo e à admiração, me ensinaram as duas formas de pensar, de tão difícil convivência, centrais para o método científico". Essa citação é sempre muito oportuna para aumentar a autoestima de meus alunos da graduação, cuja maioria pertence a uma primeira geração que chega à universidade. Sagan nos mostra que não é preciso ter *pedigree*.

Nos parágrafos seguintes, o autor soa desolador: "Gostaria de poder contar-lhes sobre professores de ciência inspiradores nos meus tempos de escola primária e secundária. Mas, quando penso no passado, não encontro nenhum". E as evocações memorialísticas seguem enumerando uma sucessão de inutilidades aprendidas (e esquecidas) bem similares às que já comentei.

Falei do milagre, comentando um livro que se faz bíblico. Agora, um comentário sobre o santo. Carl Edward Sagan (1934-1996) foi cientista, astrônomo, cosmólogo, autor, escritor de ficção científica e grande divulgador científico estadunidense. Guardo particular admiração pelo escritor, mas tenho restrições. Estas se assemelham às que tenho a Richard Dawkins (1941).

Minha admiração por Dawkins — cientista que é um dos ícones do ateísmo — se esboroa na sua militância ateia, fazendo proselitismo como fazem os fundamentalistas religiosos. Sagan não foi diferente em relação à ciência. Para ele, qualquer tentativa de ler o mundo sem ser com os óculos da ciência é exorcizada como algo demoníaco.

Há muitas evidências dessa afirmação. Fiquemos no título do livro em tela: *O mundo assombrado pelos demônios*. Quem são os demônios? A pseudociência, medicinas alternativas, religiões, filosofias alternativas, horóscopos, pensamento mágico, anjos, ETs, astrólogos, médiuns... Tudo deve ser banido para que a ciência possa ser vista como uma vela no escuro e traga a luz a um mundo sem as trevas do obscurantismo. Assim, "Carl Sagan acende a vela do conhecimento científico para tentar iluminar os dias de hoje e recuperar os valores da racionalidade". A capa do livro lembra algo dos ofícios religiosos da Semana Santa: igreja às escuras enquanto um dos celebrantes acende uma vela e canta: *Lumen*

Christi! Ao ver o livro, devíamos cantar *Lumen Scientiae*! Parece-me não ser esse o caminho.

Quanto ao complemento que trazes à tua quarta pergunta, muito pouco posso dizer acerca do livro de Ziman. Minha leitura dele era distante. Para não deixar tua referência sem menção, retomo-o e recordo que oferece, ao mesmo tempo, uma narrativa clara e preciosa e uma investigação radicalmente desafiadora da credibilidade do conhecimento científico, buscando em várias disciplinas comprovações a respeito das percepções, dos paradigmas e das analogias de que depende todo o nosso conhecimento.

Vale lembrar o que Ziman (1996, p. 21) afirma: "O que garante a objetividade do mundo em que vivemos é o que temos em comum com outros seres pensantes". Assim, toda estratégia da ciência está concentrada na criação de um máximo consenso, que é um dos desafios dos pesquisadores. Os professores e as fontes (livros, revistas científicas) revelam o consenso corrente em torno de um tema, e a eles devemos recorrer para fazer o mesmo: "O melhor que podemos esperar é uma resposta classificada como opinião quase unânime dos especialistas, apoiada pelo que seria descrito como o peso esmagador das provas" (Ziman, 1996, p. 24).

Nelio Bizzo: Só para não perder a oportunidade de deixar de burlar uma regra autoimposta, avanço uma quinta pergunta, tendo à mão o livro com que me presenteastes. Tua citação da misoginia na ciência me fez lembrar justamente do trecho de teu livro no qual falas do decreto de Vargas que proibia a prática do futebol às mulheres e só foi revogado em 1979! Pois bem, meu caro Chassot, naquela carona que mencionas levei-te ao aeroporto de Congonhas, construído por Getulio Vargas. Pois bem, Getulio construiu aquele aeroporto fora da cidade de São Paulo, na então cidade de Santo Amaro, onde tinha se concentrado a comunidade alemã desde os primeiros colonos chegados nos tempos do Primeiro Reinado. Era reduto getulista, sendo até hoje o bairro alemão de São Paulo. O governo federal tinha, assim, alguma garantia de que controlaria o aeroporto construindo-o nas terras dos herdeiros do Visconde de Congonhas do Campo, Lucas Antônio Monteiro de Barros (1767-1851), magistrado e senador, primeiro governante da Província de São Paulo após a Independência do Brasil (1823--1851). A história oficial diz que Getulio queria uma alternativa às enchentes do rio Tietê, que colocavam em risco o Campo de Marte, mas o aeroporto tinha sido tomado pelos constitucionalistas paulistas em julho de 1932, mês de estiagem, e não pelas águas do Tietê! Pois foi apenas por isso que, um pouco antes da inauguração do novo aeroporto (1936), os paulistas anexaram Santo Amaro à capital (1935) e deram o nome de Washington Luís (o presidente deposto por Getulio em 1930) à avenida que o liga ao centro da cidade, a qual não possui até hoje nenhuma rua, avenida ou praça com o nome de Getulio!

Uma capital tão avessa aos desmandos de Getulio não deixou de compartilhar seu preconceito contra as mulheres – para não falar dos negros! Assim, caro Chassot, não concordas que a misoginia da ciência não é característica dela como tal, mas expressão de relações históricas mais amplas – advindas das raízes que apontas na tradição greco-judaico-cristã –, comportando no entanto uma superação dialética? Quando escreveste "A ciência é masculina?", nunca tínhamos tido uma mulher na presidência. Como explicas que agora a tenhamos (e veja que novamente se reedita uma aliança gaúcho-mineira!)? A ciência corre o risco de ser feminina?

VALÉRIA AMORIM ARANTES (ORG.)

Attico Chassot: Agora, algo acerca dessa quinta e transgressora pergunta. Primeiro, um obrigado pelas preciosas informações de geografia humana (e política) que me deste sobre uma região da pauliceia. Desconhecia as artimanhas de meu conterrâneo Getulio, a quem vocês paulistas estão cobertos de razão em não homenagear.

Mas, quando questionas minha afirmação e interrogas se a ciência pode vir a ser feminina, cabe lembrar que não só a ciência, mas (quase) toda a produção intelectual – não apenas no mundo ocidental – é predominantemente masculina. Olhemos as artes, a filosofia, a literatura, os líderes políticos e religiosos. Vê as composições da Academia Brasileira de Letras (ABL) e da Academia Brasileira de Ciência (ABC). Tu já referiste o futebol e há uma supremacia masculina em todos os demais esportes.

Em compensação, quais são as mulheres similares aos sanguinolentos Hitler, Mussolini, Stalin, Pol Pot, Milosevic, Idi Amin, Pinochet, Bush, Saddam, Mubarak, Kadafi? Não temos nomes para essa lista.

Mesmo que se possa questionar a pesquisa do cientista estadunidense Michael Hart, publicada no livro *The one hundred* (1996), a presença de apenas duas mulheres na lista das 100 pessoas que mais influenciaram a humanidade é significativa.

Vale mencionar que entre 1901 (quando começou o prêmio Nobel de Ciências) e 2012 houve 558 laureados, dos quais apenas 16 (cerca de 2,8%) eram mulheres. Desde 2009 não há mulheres laureadas.

Mas, para mostrar que não apenas a ciência é masculina, vejamos outros prêmios Nobel: no caso da Literatura, entre 102 premiados há 11 mulheres laureadas. No caso da Paz, entre 98 pessoas e 31 organizações premiadas há 15 mulheres laureadas. No que se refere à Economia, distribuído desde 1969 a 61 pessoas, apenas uma mulher foi premiada (e dividiu os louros com um homem).

Assim, meu muito querido Nelio, a ciência e outras áreas do conhecimento continuam masculinas. A eleição de uma presidente no Brasil e várias mulheres se fazendo respeitadas líderes políticas certamente diminuem a misoginia, mas estão distantes os tempos que nós teremos mais equidade de gênero na ciência. Talvez os filhos, mais provavelmente os netos, de teus filhos, Enzo e Luca, contemplarão esses tempos. Vivamos, agora, embalando expectativas.

Muito estimado colega Bizzo: no final de 2012, trabalhei, com grupos de alunos da graduação e da pós-graduação, um excelente documentário, *Homo sapiens 1900*, que narra macabras experiências pró-eugenia na Suécia, nos Estados Unidos, na então União Soviética e, é claro, na Alemanha nazista. A celebrada "não miscigenação racial" pode/deve ser explorada na evidenciação de um possível "engano" da ciência das posturas de Estado (no Brasil, por exemplo, o branqueamento étnico) que defendiam a eugenia. Hoje, o problema foi superado?

Nelio Bizzo: Caríssimo Chassot, tuas questões apontam para aspectos da maior importância, dos quais a escola não pode jamais se distanciar. É impossível que tenhamos alunos passando pela escola sem pensarem detidamente sobre a evolução biológica e as consequências disso. Tento responder a tuas questões em um texto que procurará ser conciso, mas não pode deixar de trazer um histórico, à guisa de contexto.

Muitas das pesquisas de nosso grupo revelaram justamente que os jovens não podem deixar de lado a origem da espécie humana quando pensam a evolução biológica de maneira mais ampla. Trata-se, talvez, de uma simples inevitabilidade psicológica projetiva, pois ao pensar nos outros acabamos por pensar em nós mesmos.

Mas, se o ser humano pensa em selecionar as variedades que aparecem casualmente em suas criações, por que não poderia pensar em melhorar a si próprio? Logo depois de defender meu doutorado, pus-me a pesquisar justamente essa vertente, que me parecia difícil de conciliar com o argumento geral do darwinismo. Ora, se a evolução ocorre naturalmente e a seleção pode ser dirigida, como no caso dos animais e plantas domésticos, isso não poderia ser estendido ao ser humano? Será que isso já não foi realizado? O que faziam os faraós no Egito, casando irmãos entre si? O que era (ou é) a política do "sangue azul" da realeza europeia, desde Carlos Magno?

No próprio *A origem das espécies*, na primeira edição de 1859, Darwin já menciona a seleção sexual, fazendo questão de registrar que se tratava de algo sobre o qual havia uma reflexão aprofundada. Ele diz:

> Seleção sexual: assim como as peculiaridades frequentemente aparecem no estado de domesticação em um dos sexos e se tornam hereditárias naquele sexo, o mesmo fato provavelmente ocorre sob condições naturais, e, nesse caso, a seleção sexual será capaz de modificar um sexo nas suas relações funcionais com o outro sexo, ou em relação com o conjunto de hábitos de vida diferentes nos dois sexos, como algumas vezes ocorre com os insetos. E isso me leva a dizer algumas palavras sobre o que denomino de "seleção sexual". Ela depende não de luta pela existência, mas de luta entre os machos para possuir as fêmeas; o re-

sultado para o competidor malsucedido não é a morte, mas diminuição, parcial ou total, de sua descendência. Portanto, a seleção sexual é menos rigorosa do que a seleção natural. Em geral, os machos mais vigorosos, aqueles que estão mais bem adaptados às condições em que vivem na natureza, deixarão maior descendência. Mas, em muitos casos, a vitória depende não de um vigor geral, mas de armas especiais, confinadas ao sexo masculino.[2]

Esse trecho é importante não só porque menciona de maneira explícita a seleção sexual como uma modalidade "menos rigorosa" de seleção, mas também porque revela uma possibilidade de estender o assunto em outra oportunidade. Como bem o sabemos, a questão só será abordada de forma mais aprofundada em 1871, quando ele investiga específica e explicitamente a espécie humana. E notemos que o método não tinha mudado, pois esse livro tem um detido estudo de um sem-número de espécies, a confirmar sua percepção de que uma teoria evolutiva só seria válida se abarcasse todas as espécies, inclusive a humana. Mas, para tanto, seria necessária uma teoria para explicar a transmissão das características hereditárias – e Darwin tinha uma!

Francis Galton tinha sido um dos maiores entusiastas de sua teoria hereditária, a qual exercia papel central nas elaborações que ambos faziam, visando justamente estender à espécie humana o que os camponeses, com plantas e animais, já faziam intuitivamente desde tempos imemoriais. Darwin conversava o quanto podia

---

2. Trecho traduzido diretamente do Capítulo IV, "Natural selection" (p. 87-8), da primeira edição de *The origin of species*, disponível em: <http://darwin-online.org.uk>. Acesso em: 9 maio 2013.

com os camponeses e aprendia muito com eles, sendo a "reversão ao tipo selvagem" uma dessas aprendizagens.

Essa era uma das crenças "habitualizadas", retomando o texto inicial, no sentido de que Darwin tinha aprendido com os camponeses que em uma ninhada de uma raça apurada sempre aparece um ou dois "vira-latas", ou seja, retornados à condição original de onde partiu todo o esforço de seleção e melhoramento dos organismos. Isso não se restringia aos animais, sendo fenômeno bem conhecido também pelos camponeses que lidavam com plantas. A alcachofra é um dos melhores exemplos. Ao se valer de sementes, uma parte das novas plantas germina como cardos espinhentos, imprestáveis para a produção de alcachofras. Não é à toa que os camponeses desenvolveram formas de reprodução assexual a fim de preservar aquelas mais desejáveis. Um dos nossos exemplos mais frequentes e conhecidos é o da mandioca. Nenhum camponês utiliza as sementes para obter novas plantas, e isso não pode ser explicado simplesmente pela facilidade de plantio, embora essa seja uma característica não desprezível – e aqui há uma bela analogia com a "habitualização" de Berger e Luckmann.

Quando Darwin remete um exemplar do seu *Variation of animals and plants under domestication*, em 1868, a seu amigo Wallace, confessa que não conseguiu, nem dessa feita, inserir uma seção sobre o "mais domesticado dos animais", o ser humano! Isso explica a razão de *A origem do homem* ter saído apenas em 1871. Isso ocorreu pela simples razão de o material coletado por Darwin já somar volume tão grande que não seria possível acomodar em uma única seção. Um novo livro deveria ser feito com todo aquele material. O que era esse material? Ele tinha buscado elementos na melhor bibliografia da época desde James Cowles Prichard, que tinha estudado com detalhes a diversidade de raças humanas. Ele acreditava tão profundamente que as preferências sexuais eram a chave para a explicação da diversificação de formas que chegou a inserir pranchas coloridas de rostos humanos de lugares tão distantes quanto a Abissínia, o Havaí (então denominado "ilhas Sandwich") e Nova Guiné. No exemplar da biblioteca pessoal de Darwin, o qual consultei no Manuscripts Room da Universidade de Cambridge, há um marca-página, algo improvisado, com anotações de números de páginas e uma inscrição muito significativa: "How like this my book will be" ["Como meu livro será parecido com este"]. Os números de páginas anotados correspondem a páginas nas quais há algum grafismo a lápis, como uma linha perpendicular margeando o texto escrito, como a selecionar um trecho do texto, e "Ch 6" ou "Ch 6?".

Como Darwin deixou registrado o período de trabalho com esse livro (aliás, ele anotava e arquivava compulsivamente quase tudo que fazia), é fácil saber que corresponde ao tempo em que preparava seu longo manuscrito, que depois seria publicado como *A origem das espécies*. Assim, a indicação "ch" é sugestiva de "chapter" [capítulo] e justamente o capítulo 6 do manuscrito – diferentemente do livro publicado em 1859 – versava sobre seleção natural, no qual acabou por ser inserida uma breve referência sobre seleção sexual. As palavras de Prichard são mais do que sugestivas do que viria a ser estampado no livro do próprio Darwin. Ele escreveu que "a mais sutil diferença que demarca as espécies individualmente parece se perder na uniformidade morfológica do gênero a que pertencem, e sugere uma suspeita de que elas todas procedem de uma forma original". A sugestão da especiação, em seu sentido moderno, é clara. E discutia variação, em termos populacionais, discutindo adaptação em aspectos gerais, particularizando o caso humano, que estudou extensamente.

Não é difícil entender como Darwin "respirava" a evolução de seu tempo, entendendo que o caso humano estaria intrincado com a questão mais geral da adaptação a diferentes lugares e condições ambientais.

Pois bem, fica muito evidente que se a evolução é central na biologia a questão humana também o era e, creio eu, continua a sê-lo, respondendo assim à questão. Dito de outra forma, as questões etnorraciais não podem ficar de fora da discussão evolutiva mais geral. Embora eu concorde que essa temática não tem a dimensão que adquiriu em outras regiões, como nos Estados Unidos e até mesmo na Europa, onde a xenofobia de maneira alguma pode ser tida como algo do passado, penso que o Brasil deve começar a "desencruar" o assunto de frente, ao contrário do que faz com os casos dos porões da ditadura. Há pouco vi uma foto dos alunos de uma escola pública do interior do Piauí que se destacam pelo desempenho acadêmico. Só tenho elogios a fazer e espero que continuem assim. Contudo, na foto, entre alunos e professores, não havia nenhum negro. Assim, é fácil ver que a falta de variação de cor de pele não é algo que se restrinja às melhores universidades do país, entre as quais a universidade onde trabalho (USP) se destaca, mas ela se replica holograficamente em cada canto do país onde há excelência acadêmica.

É interessante que tenhamos reações iradas diante das cotas raciais nas universidades, mas nada similar ocorreu quando essa mesmíssima questão foi discutida antes da promulgação da constituinte de 1934. Um grupo muito forte, ligado à nata da intelectualidade brasileira, com destaque para Monteiro Lobato, Fernando de Azevedo, Renato Kehl, Miguel Couto, Belisário Penna, entre outros, defendia cotas inclusive para concursos públicos, mas com sinal inverso: cotas para brancos!

Portanto, quando atuei como membro do Conselho Nacional de Educação, por honrosa indicação da Sociedade Brasileira para o Progresso da Ciência (SBPC), pude participar da discussão das Diretrizes Curriculares Nacionais para os cursos de Ciências Biológicas e inserir menção explícita dessa temática, como obrigação de todo curso de licenciatura e bacharelado. De fato, as diretrizes dizem, quando descrevem as competências profissionais do biólogo:

a) pautar-se por princípios da ética democrática: responsabilidade social e ambiental, dignidade humana, direito à vida, justiça, respeito mútuo, participação, responsabilidade, diálogo e solidariedade;
b) reconhecer formas de discriminação racial, social, de gênero etc. que se fundem inclusive em alegados pressupostos biológicos, posicionando-se diante delas de forma crítica, com respaldo em pressupostos epistemológicos coerentes e na bibliografia de referência.[3]

Redigi essas linhas[4] pensando exatamente nas consequências do que eu tinha pesquisado e concluído – embora tivesse procurado publicar as conclusões que reuni em minha tese de livre-docência

---

3. Parecer n. CNE/CES 1.301/2001, de 6/11/2001, p. 3. Disponível em: <http://portal.mec.gov.br/cne/arquivos/pdf/CES1301.pdf> Acesso em: 2 jan. 2013.
4. A relatoria desse parecer coube especificamente ao eminente colega conselheiro Francisco Cesar de Sá Barreto, da UFMG, que aceitou as sugestões que o grupo de Biologia apresentou nas oitivas, das quais participaram o Conselho Federal de Biologia e a Sociedade Brasileira de Ensino de Biologia, da qual eu tinha sido um dos fundadores e presidente nos dois primeiros mandatos na vida da entidade.

(de 1994) em diversas publicações avulsas (Bizzo, 1994/1995, 1995a, 1995b e 1998). Todavia, não percebia uma tomada de consciência mais geral sobre o tema.

Debates que ocorreram em meados dos anos 1990, no próprio meio educacional, localizavam a eugenia como algo distante, longe de nós no espaço e no tempo, a despeito dessas publicações. Ora, o biólogo não pode deixar de fazer uma reflexão sobre o potencial social da teoria da evolução biológica em sua formação inicial. A simples extensão do "melhoramento" animal para o ser humano é uma sugestão quase imediata, a qual, feita sem os parâmetros das ciências sociais, pode nos remeter diretamente para os mais pavorosos contextos que a história já presenciou.

Attico Chassot: A segunda pergunta é para o biólogo evolucionista – sempre me parece estranho essa adjetivação, mas há de se aceitar que haja (parece incrível) biólogo criacionista. Tu consegues imaginar um físico geocêntrico – ou um químico flogisticista? – vir em auxílio dos professores do ensino fundamental e médio que ouvem de religiosos fundamentalistas uma pergunta que trazem ensaiada: "Professor, se houve evolução a partir de macacos que se transformaram em humanos, como ainda há macacos?" Como, mesmo com o Manifesto da Sociedade Brasileira de Genética (SBG) sobre ciência e criacionismo, publicado em junho de 2012 – uma peça de relevante valor acerca da qual ouso afirmar que mereceria ser estudada na abertura de qualquer curso de História e Filosofia da Ciência (mesmo que talvez com certo exagero "cientificista") –, ainda surjam cientistas de renome, das melhores universidades brasileiras que afirmam "ver as impressões digitais do Criador no barro que este usou para moldar o boneco para criar Adão?".

Nelio Bizzo: Esse manifesto da SBG foi discutido em uma lista na internet que resultou na proposta que fizemos de criação de um núcleo de apoio à pesquisa em Educação, Divulgação e Epistemologia da Evolução Biológica (criamos a sigla "Edevo--Darwin"). A proposta foi avaliada por um gabaritado comitê internacional e aprovada! Pois bem, terei de me dedicar a essa segunda questão pelo menos nos próximos cinco anos! Mas vamos lá...

Evolução biológica e religião

Ao pensar a evolução e conceber as origens, é inevitável que se deixe de pensar na verdade literal da Bíblia – e aqui entramos no terreno do criacionismo, do *design* inteligente ou, para localizar mais precisamente, na teologia natural de Tomás de Aquino, da qual todos esses movimentos atuais derivam. Sinceramente, vejo pouco a acrescentar àquilo que foi respondido por Galileu, em sua famosa carta de 1615 à grã-duquesa da Toscana, Cristina de Lorena, na qual fala das "duas verdades". Uma delas é, como bom católico que Galileu era, a verdade das Escrituras. A outra é aquela constatada pelos sentidos e pela experiência sensível. Segundo ele, essas duas verdades devem se conciliar, mas com muito cuidado. Partindo do pressuposto de que as Escrituras tragam a verdade revelada diretamente por Deus, restaria ainda assim a interpretação inerente à leitura. Ora, os textos sagrados trazem alegorias, metáforas e sentido figurado que apontam para diferentes referentes literais. Além disso, Galileu dizia não ser prudente tentar vincular as descobertas da ciência a escritos preexistentes e perguntava: "Quem pretende pôr termo ao engenho humano?

Quem pretende assegurar que já se viu e já se sabe tudo que há no mundo para ser visto e sentido?" (Galilei, 2009).

Galileu enfrentou as críticas de seus desafetos mesmo antes de estar realmente convencido do sistema copernicano, ou pelo menos de dar mostras disso. Mas, seja com for, quando assumiu o heliocentrismo, foi questionado sobre o livro de Josué. O profeta narra uma saga de batalhas e, numa delas, a vitória teria sido possível dado que o dia fora prolongado – a noite forçava o fim da batalha. Isso teria ocorrido porque Deus teria "parado" o sol. Ora, lhe diziam os críticos, se o sol está parado no centro do universo (naquele tempo ainda se achava que deveríamos estar no centro de algo!), Deus não poderia tê-lo parado! Assim, haveria uma aparente contradição entre o heliocentrismo e o livro de Josué.

Para Galileu essa crítica era cínica, pois ele debatia com matemáticos de alto nível no Vaticano, que sabiam muito bem ser impossível determinar se, supondo uma situação real como a descrita, o sol ou a Terra tinham "parado". Josué não estava interessado em cinemática, mas os detratores de Galileu estavam cientes da farsa que empreendiam. Lendo um recente livro sobre os detratores de Galileu em Florença, percebi como essa farsa era de fato levada às últimas consequências (Guerrini, 2009). No ano em que Galileu descreveu as manchas solares, os sermões do dia 8 de dezembro foram reservados a ele. Como era o dia da Imaculada, os fiéis ficaram sabendo que aquele contestador estava dizendo que havia manchas onde se pensava nada haver. Por consequência, concluíam, Galileu estaria afirmando que a Imaculada tem mácula – e várias! Imagine o poder de persuasão do público!

Portanto, quando falamos no embate entre ciência e religião, referimo-nos não apenas a teses e exegese de textos sagrados, mas também a coisas muito mundanas, como o cinismo e a impostura intelectual.

Gosto de usar uma passagem do livro de Isaías (62:25) para mostrar como a leitura literal do texto bíblico deixa em apuros aqueles que leem a Bíblia pretendendo não interpretá-la. Lá está escrito: "O lobo e o cordeiro se apascentarão juntos, e o leão comerá palha como o boi; e pó será a comida da serpente. Não farão mal nem dano algum em todo o meu santo monte, diz o Senhor".

Ora, Isaías diz que Deus garantirá uma vida tranquila, livre dos problemas e dos perigos dos dias atuais. O leão comerá palha como o boi; em termos biológicos isso significa que seus dentes terão se adaptado às novas funções. O boi sabidamente era um ruminante, e assim serão os leões, ou seja, seu estômago se multiplicará por quatro, eles mesmos serão ruminantes como o boi. Ora, há uma descrição mais perfeita de evolução biológica do que essa? Felinos, que pertencem à ordem carnívora, passarão a herbívoros! Ou seja, quem lê a Bíblia ao pé da letra deve admitir que Deus afirma a criação como algo que continua em formação; os animais que conhecemos ainda passarão por notáveis mudanças, a ponto de os felinos se tornarem ruminantes, modificando seus dentes e todo o trato digestório. Passarão a pertencer a outra ordem! E observe outro detalhe na passagem: não está dito que os leões de todo o planeta serão extintos, mas que os leões de determinado lugar serão herbívoros. Assim, teremos leões carnívoros, que continuarão a caçar na planura da savana africana, e leões herbívoros, que pastarão em terreno montanhoso. Trata-se de uma admirável descrição de adaptação biológica, que segue inclusive o modelo tradicional de especiação alopátrica!

Será essa leitura uma interpretação minimamente inteligente? Sinceramente, acho até ofensiva, tal o desprezo pelo sentido figurado que carrega. Obviamente há um sentido alegórico nessa passagem, que promete um mundo de paz àqueles que, em meio a holocaustos, se tranquilizam na fé, acreditando que seu Deus lhes garantirá um futuro de plena harmonia. Que bela mensagem para quem vivia em meio a desertos, escorpiões, serpentes (que passarão a comer pó!), para não falar das guerras sanguinárias e da escravidão no Egito, onde conheceram de fato leões cativos, mantidos vivos como exímios devoradores inclementes de seres humanos em rituais dantescos que os romanos perpetuaram em suas arenas e coliseus.

Para muitos teólogos esse "santo monte" é aqui e agora, obrigando o crente a agradecer e bendizer o que tem para receber de pronto uma retribuição divina. Para outros, trata-se de uma alegoria da salvação, de algo que pode ser atingido após a morte. Não acho lícito me meter a fazer exegese do Antigo Testamento, mas simplesmente mostrar que a leitura literal da Bíblia, que certas denominações religiosas pregam, os leva a uma profunda contradição e – o mais importante – menospreza seus significados mais profundos.

Criacionistas como criptoevolucionistas

A bem dizer a verdade, ainda não vi um criacionista radical coerente e, sinceramente, todos os que conheci são apenas "criptoevolucionistas", pois, se de fato acreditassem que tudo depende diretamente de Deus, que cada ovo se rompe no ninho por intercessão divina direta, deveriam repetir "Não sei" a tantas quantas perguntas dirigissem ao mundo. Um grilo precisa de oxigênio?

Ora, qual a razão de todas as espécies de grilos, do passado e do futuro, precisarem sempre do mesmo gás respiratório? Por que todas as criaturas aeróbicas do planeta precisam de oxigênio? Por que, ao ver uma mitocôndria, posso ter 100% de certeza – falo aqui com todo o rigor matemático – de que o possuidor da célula pode realizar fosforilação oxidativa, bastando para isso alguns ingredientes, entre eles, obrigatoriamente, gás oxigênio? E posso ainda prever que ao desviar elétrons para energizar substâncias sobrarão prótons, que serão recebidos de bom grado pelo oxigênio, e será produzida água.

Ouso prever que 99,9% das respostas sobre os seres vivos que os criacionistas elaboram estão baseadas na teoria da evolução. Ora, eu sei que os grilos do passado e do futuro serão sempre – todos, sem exceção – descendentes de criaturas das quais herdarão processos metabólicos, entre eles a respiração celular. A onipotência divina poderia encontrar um sem-número de opções energéticas e não estaria limitada a uma mesma monótona solução.

Aqui é conveniente mostrar uma passagem de certo material didático utilizado por uma rede de escolas religiosas:

> Um fato muito interessante é que os processos bioquímicos da respiração celular são idênticos em qualquer ser vivo, seja um protozoário, uma alga, um fungo, um vegetal, um animal ou uma pessoa. Evidência de um Planejador comum, contrariando a ideia de um ancestral comum.[5]

---

5. Trecho de uma apostila de ensino médio de escola religiosa de Joinville (SC). A omissão de maior referência é proposital, com o objetivo de não causar dano à imagem de quem quer que seja.

Observe que aqui há uma impostura intelectual. Em primeiro lugar, apresenta-se como indução o que é, na melhor tradição aristotélica, um silogismo de tipo indutivo. Protozoário, alga, fungo, vegetal, "animal e pessoa" (distinção aristotélica!) são eucariotos (I), todos os eucariotos realizam respiração celular (II), logo protozoário, alga, fungo, vegetal, animal e pessoa realizam respiração celular (III).

Mas terão sido testados todos os protozoários, fungos, algas, vegetais, animais e pessoas do planeta? Não, de maneira alguma, e é por isso que Aristóteles recomenda cuidado com as induções. A afirmação que generaliza com tranquilidade o que ocorre nos processos bioquímicos de todos os seres vivos só pode ser uma indução; segundo o próprio Aristóteles, necessariamente baseada em uma teoria. E qual seria a teoria a chancelar a indução dos criacionistas?

Ora, a premissa II ("todos os eucariotos realizam respiração celular") é uma indução baseada na teoria da evolução. Ela permite afirmar que as espécies derivadas mantiveram características de espécies ancestrais. Os processos energéticos são justamente conservados pela óbvia razão de serem cruciais para a sobrevivência das espécies. Eles devem, obrigatoriamente, ser herdados.

Mas o argumento "científico" tem um erro, pois, embora não cite os eucariotos de forma explícita, certamente trata deles nos exemplos.

Aqui há um problema: muitos procariotos também realizam respiração celular, mas não possuem mitocôndrias. Por outro lado, a respiração celular de alguns procariotos depende de oxigênio, mas a de outros não!

Pelo raciocínio (cínico) do texto criacionista "educativo", essa constatação seria, na verdade, um questionamento da inexistência de um Planejador comum! Por que a bactéria que provoca o botulismo e a que produz o tétano, para falar apenas de duas que convivem conosco diariamente, não realizam o mesmo tipo de respiração celular dos protozoários etc.?

A ciência nos explica que nosso planeta ficou um longo tempo com uma atmosfera sem gás oxigênio. Nesse período havia vida na Terra, mas formas de vida que não dependiam em nada desse gás, aliás, ao contrário. Quando certas bactérias começaram a produzi-lo, tivemos uma "poluição" planetária, que aniquilou a grande maioria das formas de vida existentes até então. Sobreviveram apenas aquelas que tinham desenvolvido meios de resistência – esporos – e podem manter a vida dormente por muito tempo. Esses processos de respiração anaeróbica hoje coexistem com os aeróbicos, que os sucederam, a exemplo dos leões carnívoros e da nova espécie herbívora revelada a Isaías.

Assim, vemos que a teologia que pretende se valer da ciência na verdade a agride e não lhe observa as definições mais básicas – e, por conseguinte, não pode ser uma boa teologia, pois se baseia em uma ciência equivocada.

No final do século 19 apareceu um "criacionismo tardio" católico, como foi definido pelo historiador Pietro Redondi, que questionava o uso das referências científicas para justificar a fé. Segundo esses prosélitos, aquele que procura elementos materiais, físicos, para justificar sua fé, na verdade duvida dela. A fé, segundo esses católicos, não depende de comprovações científicas, sendo, ao contrário, inabalável. Quem tem fé pode sondar os desígnios do Criador, entendendo a complexidade do mundo real e concreto, mas sem pretender ser tão (ou mais) inteligente do que Ele. Quem difundiu essa doutrina foi Antonio Stoppani (1824-1891), padre católico criacionista que é considerado simplesmente o fundador da moderna Geologia italiana.

Ateísmo cientificista

Ao admitir que precisam fazer uso da teoria da evolução, os crentes estarão inequivocamente renunciando a qualquer forma de religião?

E aqui vêm minha discordância em relação ao cidadão britânico Richard Dawinks e minha admiração pela (bombástica) resenha que acompanhou o lançamento de seu livro sobre Deus em 2006, escrita pelo já uma vez trotskista Terry Eagleton. Não podemos falar de uma crítica do Vaticano ou de criacionistas fundamentalistas, mas de um ateu convicto, que se nega a testar a existência de um Deus como uma hipótese qualquer. Escreveu ele:

> Dawkins defende que a existência ou não existência de Deus é uma hipótese científica passível de demonstração racional. O cristianismo ensina que a alegação de que há um Deus deve ser razoável, mas que isso não é exatamente a mesma coisa que fé. Acreditar em Deus, qualquer que seja, Dawkins poderia pensar, não é como concluir que alienígenas extraterrenos, ou mesmo o coelhinho da Páscoa, existam. Deus não é um objeto concreto supercelestial ou um disco voador proveniente do paraíso, sobre cuja existência devemos permanecer agnósticos até prova em contrário. Os teólogos não acreditam que Ele esteja dentro ou fora do universo, como Dawkins acha que eles fazem. Sua trans-

cendência e invisibilidade são parte do que Ele é, o que não é o caso com o monstro de Loch Ness. Isso não quer dizer que as pessoas religiosas acreditem em um buraco negro, porque elas também consideram que Deus se revelou: não, como Dawkins acha, sob o disfarce de um fabricante cósmico ainda mais inteligente do que o próprio Dawkins (o Novo Testamento tem quase nada a dizer sobre Deus como Criador), mas, para os cristãos pelo menos, na forma de um preso político, vilanizado e assassinado. Os judeus do dito Antigo Testamento tinham fé em Deus, mas isso não significa que após debater o assunto em uma série de conferências internacionais tenham decidido apoiar a hipótese científica de que existiu um supremo arquiteto do universo – embora, como Gênesis revela, eles fossem dessa opinião. Eles tinham fé em Deus no sentido de que eu tenho fé em você. Eles podem muito bem estar errados, mas seu suposto erro não decorre de falta de apoio empírico para uma presumida hipótese científica.[6]

Ninguém menos que o próprio Francis Galton tinha clamado encontrar uma demonstração cabal para a questão da existência ou não de Deus: no livro em que cunhou o termo "eugenia" inseriu um estudo estatístico sobre a longevidade de pessoas para as quais os ingleses pediam a Deus vida longa, como as rainhas, e pessoas contra as quais praguejamos continuamente, como ministros de Finanças. A conclusão, com rigor matemático, era de que não ha-

---

6. Tradução livre de um parágrafo da resenha disponível em: <http://www.lrb.co.uk/v28/n20/terry-eagleton/lunging-flailing-mispunching>. Acesso em: 16 dez. 2012.

via diferença estatisticamente significativa. Assim, concluía ele, Deus não existe[7].

O conceito de Dawkins sobre Deus parece também descender, sem modificação, daquele defendido por Ernst Haeckel, que dizia ser Deus o único caso presumido de um vertebrado em estado gasoso.

A conclusão de Terry Eagleton é a de que pensar que um mundo sem religião seja um mundo melhor é outra forma de fé cega sem qualquer base empírica. Assim, diz ele, Dawkins, com seu livro sobre a falta de evidências para justificar a fé, apenas difunde suas superstições, esperando que as pessoas acreditem sem pensar em seus vaticínios de que um mundo sem religião será um mundo melhor.

Se um evolucionista não precisa ser necessariamente ateu, não vejo como um biólogo teísta possa acreditar que os seres vivos não estejam ligados por relações de parentesco. Como disse, isso implicaria repetir "Não sei" a toda pergunta sobre os seres vivos.

Isso quer dizer que tudo está explicado pela teoria evolucionista? Não, esse não é o caso e, de certa forma, isso nos ajuda a entender as dificuldades inerentes à sua compreensão.

Ensino da ciência, ensino da religião e estado laico

Isso nos conduz a uma conclusão: a teoria evolutiva tem, a cada dia, de incorporar um volume cada vez maior de novas informa-

---

7. Do ponto de vista estritamente lógico caberia ainda considerar que Deus poderia existir, mas negar-se a atender certo tipo de pedido.

ções. A transferência horizontal de informação genética é algo que se desconhecia inteiramente até há pouco tempo. A generalidade – ou universalidade? – das associações coevolutivas é outra novidade com a qual a teoria deverá lidar de maneira mais aprofundada. Por fim, os elementos bioquímicos, a nova interpretação para o chamado "DNA lixo" e as relações genoma-proteoma certamente terão consequências na maneira como lidaremos com nossas "verdades evolutivas". Isso não significa, no entanto, que as alegações dos criacionistas tenham algum fundamento quando dizem que, se não se tem certeza absoluta dos mecanismos evolutivos, melhor seria não ensinar evolução.

Não se trata apenas de uma falácia, mas de uma verdadeira demonstração de cinismo intelectual. Ora, assim como Terry Eagleton acredita na existência de uma pessoa, ele tem todo o direito de duvidar de sua própria. Mas isso não pode ser utilizado como argumento no Fisco para deixar de recolher o imposto de renda! O que diria um fiscal de renda diante do argumento: "Sabe, senhor fiscal, estou em dúvida se eu sou eu mesmo, o que estou fazendo aqui, qual a razão de eu estar no universo... Assim que eu tiver certeza de que existo mesmo, passo a pagar o IR..."? Deixaria de aplicar uma sonora multa?

O plano da dúvida em que nos encontramos sobre a teoria da evolução é semelhante ao dos astrônomos no que se refere a teorias gerais sobre o universo. Mas isso não os compele a equiparar Copérnico a Ptolomeu, em termos de propostas para o currículo escolar. Seria absurdo um criacionista dizer: "Bem, como os astrônomos estão em dúvida sobre como se formou o universo, então não podemos considerar que o sistema solar seja heliocêntrico; ensinemos também o geocentrismo". Isso parece uma piada, mas é exatamente o que se passa no contexto biológico. A incerteza científica é apresentada como ausência de consensos mínimos sobre formas de explicar a realidade. Sofisma, diriam os mais cândidos; cinismo puro, diriam outros; impostura intelectual com fins escusos, diriam os mais exaltados. Seja como for, estamos muito além do razoável.

Não sou contra o ensino do criacionismo, contanto que estejamos falando de ensino religioso – e, mesmo assim, não podemos esquecer que o STF deverá decidir se afinal o artigo 33 da LDBEN (Lei n. 9394/1996) é de fato constitucional.

Em dezembro de 1996, constava da redação original do artigo 33 dessa lei que o ensino religioso seria realizado nas escolas públicas sem ônus para o poder público. No ano seguinte, o Parecer CNE/CEB n. 05/97 explicitou o entendimento da LDBEN, consoante o artigo 19 da Constituição Federal, vedando o uso do erário no ensino religioso. Contudo, o artigo 33 da LBDEN foi modificado pela Lei n. 9.475/1997, por iniciativa do MEC, que retomou a possibilidade de verbas públicas pagarem professores de ensino religioso, bem como remeteu aos sistemas de ensino a tarefa de normatizar seu oferecimento.

A aprovação dessa lei que mudou o artigo 33 ocorreu de maneira no mínimo questionável. Foi feito um simples acordo de lideranças, às vésperas do recesso parlamentar, cuja relatoria foi atribuída a um deputado do Partido dos Trabalhadores, oposição à época, o que era algo insólito, uma vez que o projeto era de autoria tucana. No entanto, o relator petista era um padre católico (licenciado), ligado originalmente à Congregação dos Missionários da Sagrada Família.

Assim, acordamos em um belo dia de julho de 1997 com uma nova norma legal a reger o ensino religioso, que delegava aos sistemas de ensino regulamentar a matéria na esfera de suas competências. Não surpreendeu portanto que estados como o Rio de Janeiro regulassem a questão a fim não apenas de favorecer o ensino religioso e transferir recursos públicos para certas denominações religiosas, mas também de transformar a escola pública em centro de proselitismo religioso – o que contrariava inclusive a própria nova redação daquele artigo 33.

No governo Lula tivemos a edição do Decreto n. 7.107/2010 (Acordo Brasil-Vaticano), que levou a Procuradoria-Geral da República (PGR), em agosto de 2010, a propor ao Supremo Tribunal Federal uma Ação Direta de Inconstitucionalidade (ADI n. 4.439), com pedido de liminar contra o decreto e também contra o artigo 33 da Lei de Diretrizes e Bases da Educação Nacional. O STF programou uma longa sucessão de oitivas, com uma lista de entidades que deverão se pronunciar, tendo aquelas ligadas às mais diversas religiões, obviamente, presença muito maior do que os defensores do Estado laico.

A primeira Constituição republicana (particularmente o artigo 72) continua sendo um modelo a ser perseguido, ainda que só vejamos regredir em relação à laicidade, sobretudo na Constituição de 1934, quando Getulio Vargas selou uma aliança com setores conservadores da Igreja Católica e reintroduziu o ensino religioso nas escolas públicas.

Attico Chassot: A terceira pergunta também tem o foco na revolução darwiniana que sempre se afigura como inconclusa, até porque foi/é aquela que mais mexeu/mexe com os brios de alguns humanos conservadores. É fácil comparar: com a revolução copernicana, somente "alguns tolos", nos séculos 16 e 17, passaram a acreditar que a Terra se move ao redor do sol, que é fixo. Abandonar concepções acerca do flogisto e entender a combustão, associando-a à respiração, no século 18, só interessava a uns poucos. Mas, no século 19, romper com o antropocentrismo é fazer de certas páginas do Gênesis – que foram (e ainda são) para alguns textos de inspiração divina – lindas narrativas de ficção científica. Assim, nessa esteira surge-me a pergunta: qual é a unidade básica no processo de seleção natural: o gene, o organismo ou a espécie? Minha pergunta se faz embalada pelo instigante livro *O gene egoísta* (Dawkins, 2007), hoje quase um clássico quando se fala em evolucionismo.

Nelio Bizzo: As pesquisas ainda indicam que nossos estudantes entendem pouco sobre a teoria evolutiva. Mas, na verdade, ainda pouco sabemos o que seja o processo evolutivo em si. Imagine um quarto desarrumado. Ao olhar para ele, podemos supor que todas as meias espalhadas no chão estivessem originariamente em uma única gaveta. Mas isso não decorre da natureza das meias nem mesmo dos pés para os quais estão adaptadas. Isso parte de uma convicção íntima nossa sobre quartos arrumados. Aliás, minha esposa discorda de meu conceito de arrumação, especialmente quando falamos em escritórios, livros, estantes e mesas, da mesma forma que os cientistas discordam sobre o que sejam características derivadas.

Não estamos falando de coisas muito distantes, mas de algo com que o professor de Biologia e, por conseguinte, seus alunos deparam todos os dias. Ora, as lampreias e as feiticeiras, seres cartilaginosos, com caixa craniana a envolver o cérebro, são ou não vertebrados? Para alguns, a ausência de vértebras implica necessariamente vedar sua entrada no seleto grupo dos vertebrados. É engraçado que os mesmos cientistas não façam objeção nenhuma ao ver serpentes, baleias e golfinhos no (menos) seleto grupo dos animais com quatro pernas (tetrápodes), mesmo sem apresentar nem uma que seja.

Na verdade, trata-se de uma discussão do final do século 19, que continua com reflexos hoje em dia, Enquanto os zoólogos discutem se a ausência de vértebras é uma condição derivada ou não, no sentido de que esses animais poderiam descender de animais com vértebras, metade dos professores de Biologia fala dos craniados como um grupo no qual estariam incluídos os vertebrados, e a outra metade fala dos mesmos vertebrados como sinônimo de craniados. Seria de perguntar se, enquanto a polêmica não é resolvida, não caberia inventar outro nome para o grupo dos vertebrados como sinônimo de craniados.

Mas, ainda que essa discussão seja mais taxonômica do que propriamente evolutiva, cabe abrir os olhos para as recentes descobertas das interações encontradas nos seres vivos agora tidos como "holobiontes". Nós mesmos não somos nada sem nossas bactérias, bacteriófagos, vírus e viroides de nossas mucosas úmidas. Mas isso vai às mais profundas consequências: nosso genoma está cheio de retalhos de DNA bacteriano. O que ele está fazendo ali?

A questão é simples: a evolução é um algoritmo que depende da observância de regras por longos períodos. Mas o que percebemos cada vez mais é a quebra reiterada dessas regras.

Até há bem pouco tempo, falava-se da interação entre fungos e raízes de plantas como uma esquisitice, algo exótico. Hoje se sabe que a maioria, talvez a totalidade de plantas, depende de fungos em suas raízes para sobreviver. Quando as partes aéreas foram examinadas sem o preconceito contra os fungos, que só faz enxergar micoses quando outro ser está próximo deles, passou-se a achar um sem-número de interações positivas. Tecidos vegetais aéreos aparentemente sãos, sem nenhuma evidência de prejuízo – aliás, ao contrário –, demonstram estar colonizados por ascomicetos. Ao retirar os tais fungos, as plantas ficam mais suscetíveis ao ataque de bactérias. Essa interação é tão íntima que se fala agora em "fungos endófitos". Uma "verticalização" da fabricação de antibióticos!

Entre microrganismos a associação é tão íntima que há transferência de material nuclear de um organismo para outro, gerando os chamados "nucleomorfos". Esse processo é de extrema importância médica, uma vez que envolve protozoários como o causador da forma mais grave de malária (*Plasmodium falciparum*), entre outros. Resumidamente, um microrganismo é englobado por outro e, em vez de ser digerido, acaba por conviver com ele. Essa associação íntima pode ter gerado as mitocôndrias e os cloroplastos, mas hoje se acredita ser a explicação para os chamados apicoplastos, organelas citoplasmáticas não fotossintetizantes que contêm DNA circular da linha materna. Em geral, são organelas com vestígios de DNA, com algo como 30 mil pares de bases (o que é muito pouco). A questão é entender onde foram parar os milhares de pares de bases que estavam no organismo original.

Nucleomorfos são núcleos vestigiais resultantes de dois processos como esse, que se seguiram. Uma bactéria ou microalga englobada por um protozoário (como parece ser o caso do *P. falciparum*) gera um superprotozoário, o qual pode, por sua vez, acabar parando dentro de outro microrganismo. Nesse caso, parece haver transferência maciça do conteúdo nuclear, o que gera esses núcleos vestigiais. Essa transferência horizontal de material genético é algo totalmente imprevisto quando a chamada Nova Síntese foi elaborada, ainda na década de 1940. Aliás, para ter uma ideia, um de seus maiores artífices, Julian Huxley, deixou registrada a completa indiferença com a qual as bactérias eram tratadas até então: eram tidas como seres sem material genético (ainda não se sabia a função do DNA) que se originavam por... geração espontânea!

Assim, há de se repensar a própria definição de indivíduo. Quando uma árvore lança sementes ao vento (para manter viva nossa alegoria inicial), ela está lançando nitrogênio, fósforo, potássio etc. que conseguiu absorver pelas raízes. Mas na semente há muito amido também, que foi conseguido pelas folhas, com o trabalho dos cloroplastos e da clorofila. Tanto nas raízes quanto nas folhas, fungos endófitos foram fundamentais para que o resultado fosse a produção de sementes. Assim, a questão não se resume a entender como o "indivíduo" passou adiante seus genes, mas como a unidade coevolutiva consegue se perpetuar. Em outras palavras, o conceito de indivíduo passa por uma crise profunda na Biologia evolutiva. Mas o conceito de gene tampouco está longe disso, talvez muito ao contrário.

Até mesmo seres considerados muito primitivos, como os chamados "micoplasmas" (antigamente chamados PPLO), tiveram seu (pequeno) genoma decifrado, sendo seu comprimento incompatível com a quantidade de proteínas (seu "proteoma") que produz. Com menos de 10% do DNA de uma bactéria como as que colonizam nosso intestino, o micoplasma consegue produzir um número desproporcional de proteínas. A explicação aponta para enzimas que conseguem ler o DNA de diferentes formas, inclusive ao contrário!

Os micoplasmas estão longe de ser exceções, no sentido de que o sequenciamento de nosso DNA levou à identificação de algo como 20 mil genes, no conceito tradicional. Mas isso é absolutamente incompatível com o proteoma humano, que é dezenas, centenas ou talvez milhares de vezes maior. O fato é que o Projeto Proteoma Humano (http://www.hupo.org/research/hpp/) trabalhará com uma massa de dados milhares de vezes maior do que seu similar genômico. Portanto, um mesmo "gene" pode levar a diferentes proteínas, um conceito diferente daquele que aprendíamos na faculdade até pouco tempo atrás.

Logo, a questão, como colocada por Dawkins naquele livro, precisa ser reformulada, repaginada. O conceito de gene e de indivíduo está em crise, no sentido de que os consensos do passado deixaram de existir no presente.

Na verdade, a questão colocada por esse autor era apenas uma tautologia. Ao dizer que um indivíduo é só uma "carcaça corporal" criada por uma entidade química chamada gene a fim de se perpetuar, Dawkins andou pela contramão do pensamento biológico evolutivo, por duas razões. Em primeiro lugar, sua previsão é apenas tautológica, algo como prever o sexo das tias de nossos leitores. Ora, se as chamo de tias, no feminino, excluo de antemão quaisquer membros do sexo masculino. Portanto, não tenho como errar. Quando Dawkins prevê a participação de uma entidade na perpetuação de um indivíduo e a localiza *dentro* do indivíduo, em um elemento obrigatoriamente constitutivo dele, não há como errar. Ele poderia mudar de ideia e prever que o corpo é o substrato que as orelhas inventaram a fim de se perpetuar. Eu poderia comprovar essa tese observando um sem-número de corpos humanos, o que não deixaria de lhe dar razão: todos (ou quase!) têm orelhas.

Embora a tautologia seja evidente – na verdade a comunidade científica nunca levou Dawkins a sério! –, a heresia maior que ele cometeu se refere ao finalismo aristotélico que empregou, no melhor estilo de Tomás de Aquino – e dos criacionistas! Ora, um gene teria a finalidade de se perpetuar e teria criado organismos com o intuito de permitir esse seu "desígnio". Darwin justamente nos levou a entender que esse tipo de raciocínio não faz sentido, pelo menos em ciência. Portanto, a localização do gene egoísta como um "clássico" não está entre nossas concordâncias...

Além dos escritos de Stephen Jay Gould, que colidem frontalmente com tudo que Dawkins escreveu, há os escritos mais recentes de Marion Lamb e Eva Jablonka (2010), que tratam explicitamente de alguns dos postulados de Dawkins, igualmente em tom muito crítico.

Attico Chassot: A quarta pergunta para encerrar esta rodada de nossos diálogos é talvez aquela que mais me assalta. Eu não tenho resposta. Claro que, por mais que reconheça a estatura intelectual de meu interlocutor, aceito que a resposta não passe de elucubrações ou de devaneio de um biólogo educador que também se faz filósofo. Por que existimos? O que fazemos aqui? Qual o sentido de nossa passagem por aqui? É passagem ou estada?

Nelio Bizzo: Finalmente o que estamos fazendo aqui. Muitos cientistas dizem que o ser humano é um primata neotênico, ou seja, que nasceu antes do tempo e, por algum motivo, terreno ou divino (dirão os teístas...), se mostrou viável. Temos toda a cara das salamandras, que tanto atormentaram Júlio Cortázar quando viveu exilado em Paris[8]. Olhar para aquelas criaturas imaturas que não completavam seu desenvolvimento e já começavam a se comportar como adultos e a se reproduzir dizia muito de nós mesmos.

---

8. Veja o ensaio completo em: http://www.ciudadseva.com/textos/cuentos/ esp/ cortazar/axolotl.htm. Acesso em: 7 maio 2013.

Sua conclusão era inequívoca: a semelhança dos macacos conosco é uma evidência de nossa dissimilaridade, sendo a prova de que somos seres em metamorfose bloqueada. Cortázar se reconheceu naqueles animais com olhos sem pálpebras, que olhavam pelo vidro do aquário e em silêncio pareciam gritar: "Salve-nos, salve--nos!" Elas pediam ajuda para não evoluir. A incerteza do futuro é a verdadeira agonia, talvez menor apenas que a única certeza da vida: a morte.

Somos essa metamorfose que adquiriu consciência de si mesma e, com isso, uma contingência ética. Devemos cuidar de nós mesmos e do ambiente que ocupamos. Nossa consciência é nossa liberdade e, ao mesmo tempo, nossa prisão; não temos ninguém a quem pedir: "Salve-nos, salve-nos!", e não é fácil viver assim!

Referências bibliográficas

BIZZO, Nelio: "Paradoxo social eugênico, genes e ética". *Revista da USP*, n. 24, dez. 1994/fev. 1995, p. 28-37. Disponível em: <http://www.usp.br/revistausp/24/04-nelio.pdf>. Acesso em: 16 dez. 2012.

_____. "Eugenia e racismo: quando a cidadania entra em cena?" *Ciência Hoje,* n. 109, v. 19, 1995a, p. 26-33.

_____. "Eugenia: quando a biologia faz falta ao cidadão". *Cadernos de Pesquisa da Fundação Carlos Chagas*, v. 92, 1995b, p. 38-52. Disponível em: <http://educa.fcc.org.br/pdf/cp/n92/n92a04.pdf>. Acesso em: 16 dez. 2012.

_____. "O paradoxo social-eugênico e os professores: ontem e hoje". In: CHASSOT, Attico.; OLIVEIRA, Renato José. (orgs.). *Ciência, ética e cultura na educação*. São Leopoldo: Unisinos, 1998. Disponível em: <http://biblioteca.universia.net/html_bura/ficha/params/title/paradoxo-social--eug%C3%AAnico-os-professores-ontem-hoje/id/52529861.html>. Acesso em: 16 dez. 2012.

_____. "A teoria genética de Charles Darwin e sua oposição ao mendelismo". *Filosofia e História da Biologia*, v. 3, 2008, p. 317-33. Disponível em: <http://www.abfhib.org/FHB/FHB-03/FHB-v03-17-Nelio-Bizzo.pdf>. Acesso em: 16 dez. 2012.

CAMPOS, Antonio Valmor de. *Milho crioulo, sementes de vida: pesquisa, melhoramento e propriedade intelectual*. Frederico Westphalen: Ed. da URI, 2007.

CHASSOT, Attico. *Para que(m) é útil o nosso ensino de química?* 1994a Tese (Doutorado em Educação). – Programa de Pós-Graduação em Educação da UFRGS, Porto Alegre, RS.

_____. *Educação conSciência*. Santa Cruz do Sul: EdUnisc, 2003.

_____. *Para que(m) é útil o ensino?* 2. ed. Canoas: Ulbra, 2004.

_____. "Da química às ciências: um caminho ao avesso". In: FÁVERO, Maria Helena; CUNHA, Célio da (orgs.). *Psicologia do conhecimento: o diálogo entre as ciências e a cidadania*. Brasília: Unesco/Representação do Brasil/UnB/Liber Livro, 2009, p. 218-32.

DAWKINS, Richard. *O gene egoísta*. São Paulo: Companhia das Letras, 2007.

DESMOND, Adrian; MOORE, James. *A causa sagrada de Darwin*. Rio de Janeiro: Record, 2009.

GALILEI, G. *Ciência e fé*. São Paulo: Editora da Unesp, 2009.

GUERRINI, L. *Galileo e la polemica anticopernicana a Firenze*. Florença: Polistampa, 2009.

HARPER, Babette et al. *Cuidado, escola! Desigualdade, domestificação e algumas saídas*. 8. ed. São Paulo: Brasiliense, 1982.

HART, Michael. *The one hundred*. Londres: Simon & Schuster, 1996.

ILLICH, Ivan. *Sociedade sem escolas*. 7. ed. Petrópolis: Vozes, 1985.

JABLONKA, Eva; LAMB, Marion J. *Evolução em quatro dimensões – DNA, comportamento e a história da vida*. São Paulo: Companhia das Letras, 2010.

KUHN, Thomas. *A estrutura das revoluções científicas*. São Paulo: Perspectiva, 1991.

SAGAN, Carl. *O mundo assombrado pelos demônios – A ciência vista como uma vela no escuro*. São Paulo: Companhia das Letras, 2000.

ZIMAN, John. *O conhecimento confiável*. Campinas: Papirus, 1996.

PARTE III
Entre pontos
e contrapontos

Nelio Bizzo
Attico Chassot
Valéria Amorim Arantes

Valéria: Caríssimos colegas Nelio e Chassot. Para iniciar a terceira e última parte desta obra, voltarei a uma questão que, apesar de já discutida por vocês, parece-me merecedora de mais algumas reflexões. Trata-se da eterna polêmica sobre os "conteúdos" a ser ensinados nas instituições escolares. Chassot afirma que a maioria dos conteúdos de Química ensinados na escola não serve para nada. Nelio adverte-nos sobre a extensão absurda das disciplinas científicas. Apesar disso, sabemos das tensões enfrentadas nas instituições escolares (e incluo aqui as universidades) quando se trata de reduzir e/ou selecionar aqueles conteúdos a ser contemplados na sua estrutura curricular. Pois bem, se o progresso também se nutre do passado, como chegar a um estado de equilíbrio em que a conservação dos conhecimentos adquiridos não impeça a aquisição de novos conhecimentos? Estariam os conceitos de transversalidade e interdisciplinaridade em consonância com esse equilíbrio?

Nelio Bizzo: A questão é realmente importante e profunda, e me fez pensar vários dias. Mesmo assim, não posso senão ensaiar algo que não consideraria um posicionamento definitivo sobre o tema. Antes de responder propriamente, quero polemizar um pouco com meu admiradíssimo Chassot e ponderar que sua afirmação sobre a "inutilidade" dos conteúdos de Química na escola média tem um componente retórico. A suposta "inutilidade" de certa parte do conhecimento científico não pode ser tomada de maneira absoluta. Não faz muito sentido pedir aos estudantes que conheçam o nome das crateras da face oculta da Lua, mas isso não as torna em si "inúteis". Aliás, sugiro este exercício como exemplo: falemos dois parágrafos das crateras do lado oculto da Lua.

A de maior destaque chama-se cratera Tsiolkovskii, nome certamente desconhecido de 99% dos leitores, nada familiar como o de outra: Júlio Verne. Outra curiosidade interessante é que a face oculta da Lua é completamente diferente da face que vemos da Terra, pois é cravejada de pequenas crateras. Qual a razão desses nomes estranhos? Qual a razão dessa diferença da geografia entre as duas faces?

De um lado, o conhecimento científico não pode ser dissociado do contexto em que foi gerado. Galileu, em 1609, foi o primeiro a ver que a Lua tinha relevo. Mas foram os soviéticos que primeiro avistaram sua face oculta, em 1959. Nos dois momentos, a luta pelo poder econômico e político pode nos dizer algo sobre a razão de essas descobertas terem ocorrido sob os domínios da República de Veneza e dos soviéticos, em plena corrida nuclear. A cratera batizada em homenagem a Konstantin Eduardovich Tsiolkovskii (1857-1935), personagem que pareceria extraído diretamente de Tostói[1], fazia propaganda da história da tecnologia russa, mas nota-

---

1. No período czarista, ele foi professor de Ciências e Matemática, lecionando por muitos anos em uma escola feminina ligada a uma igreja cristã. Escreveu livros parecidos com os de Júlio Verne (de quem foi leitor) e ensaios técnicos.

damente soviética, de desenvolvimento de foguetes, sendo ele apontado como um dos pioneiros nesse campo, responsável pelo cálculo de diversos parâmetros utilizados até hoje (como a velocidade de escape). Os americanos tinham ido buscar esse conhecimento com os nazistas, levando o cientista que projetara as bombas voadoras que atingiram Londres na Segunda Guerra Mundial para projetar seus foguetes[2]. O nome de Júlio Verne ficou cravejado ali perto, mas por motivo talvez irônico: "O que os capitalistas imaginaram os comunistas construíram" bem pode ter sido a mensagem implícita dos ideólogos do Partido...

Prometi dois parágrafos para falar de uma "inutilidade óbvia", e não me prolongar por disciplina. Mas apenas adianto que na diferença entre a geografia e as duas faces da Lua talvez esteja a resposta para a origem da vida na Terra ou para a dita "explosão do Cambriano".

Bem, essa rápida escapada nos serve como exemplo para discutir a responsabilidade de educadores que ganham o privilégio de escrever para outros, como estamos fazendo aqui. Devemos ter muito cuidado com as figuras de linguagem que utilizamos; ao enfatizar algo, precisamos ter a certeza de que nossas hipérboles não sejam tomadas literalmente, até mesmo pelos criacionistas!

Sempre vivendo muito modestamente, em 1903 (!) publicou um estudo no qual calculava a velocidade de escape da gravidade terrestre e antevia que um foguete deveria ser propelido por uma mistura de hidrogênio e oxigênio liquefeitos, em vários estágios! Apenas após a Revolução ganhou notoriedade e foi promovido a ídolo bolchevique por Stalin. Ver Andrews (2009).

2. Refiro-me a Wernher Von Braun (1912-1977), que projetou os foguetes nazistas da série V e os americanos, até o Saturno-V, que levou o primeiro homem à Lua.

A questão da inflação de conteúdo escolar é real e não pode ser tomada como um simples "defeito" momentâneo. No tempo das cavernas os professores de História tinham muito menos o que ensinar e não havia professores de Ciências... Um país como a Itália tem aulas de História nacional e local, História das Artes etc. que ocupam uma extensão descomunal. E ensinam-se latim e grego até hoje nos liceus, e o fato simples é que para ler o editorial de um jornal (decente) na Itália um estrangeiro precisa, além de dominar a língua, de uma ajudinha do Google! Passei um período letivo em Verona recentemente e conversei com muitas pessoas, inclusive na escola de meu filho. A história local começa pelo estudo dos restos paleolíticos que há na cidade. Do aldeamento pré-histórico às margens do rio Adige, em um lugar onde o rio se estreita com afloramento de rochas que formavam uma ponte natural, se passa para a Idade do Cobre e para a Idade do Ferro. A essa altura, Roma ainda não foi fundada... Depois vem a invasão dos vênetos, o período imperial com os romanos, a invasão longobarda, a idade medieval, o domínio da família Scala, a conquista milanesa e veneziana, a invasão napoleônica. Nesse ponto, estamos ainda na época de Tiradentes... Depois veio o domínio austríaco, a guerra de unificação e aí começa o século 20. Note que a história de Florença, Roma e Nápoles não passa por todos esses períodos, os quais devem também ser estudados na escola! Para ter uma ideia dos nomes das ruas de Verona, é preciso conhecer essa longa história. Compare esse currículo com o de história da cidade de São Paulo! E, mesmo assim, quantos paulistanos ainda não se deram conta de que Getulio Vargas não é nome de nenhuma rua, praça ou travessa em sua cidade[3]?

---

3. Com essa observação pretendo pedir clemência ao leitor pela digressão sobre minha ida ao aeroporto com o querido Chassot.

Tratar de todos esses assuntos na escola básica italiana tem obviamente um "custo" curricular, mas de maneira geral posso dizer que os italianos se orgulham dessa história e não gostariam de vê-la deixada de lado, ainda que se queixem bastante de tudo que devem estudar. Mas o fato é que entre os acadêmicos mais respeitados do país figuram justamente os historiadores e os filósofos. Umberto Eco, por exemplo, é uma figura de projeção intelectual que dificilmente um químico ou biólogo conseguiria superar no país. É evidente que falo de impressões pessoais e posso estar equivocado, mas com isso quero deixar claro que o "custo" curricular reflete valores compartilhados pela sociedade que usa a escola.

Entre nós, historiadores e filósofos não têm o mesmo prestígio social de seus colegas italianos, o que reflete aspectos mais profundos de nossa cultura e de nossos valores. Emergimos de uma sociedade escravocrata que pretende recriar seu passado, pois obviamente tem muito o que esquecer. Isso não é de maneira alguma uma particularidade brasileira; lembro-me de visitar as ruínas de um edifício da época da dominação dos bôeres na África do Sul ao lado de uma senhora holandesa. Puxando conversa, perguntei quanto ela tinha aprendido sobre a colonização dos Países Baixos naquela região. A resposta foi curta e grossa: zero! Imagino quanto o currículo da França trate de Carlos Magno em comparação com o período da colonização do Mali, na África – de onde, aliás, provém mais da metade do urânio que abastece atualmente as usinas nucleares francesas (o que diz algo da intervenção militar que está realizando atualmente para garantir a "democracia" local e impedir a infiltração do "terrorismo internacional").

Assim, penso que a "inflação curricular", se podemos chamá-la assim, é algo que não podemos deixar de admitir como uma das variáveis a influenciar o desenvolvimento dos projetos pedagógicos das escolas, hoje e no futuro. A questão é saber que opções a sociedade deseja fazer e que mecanismos podem ser utilizados para que cada segmento faça valer sua vontade e imponha seus interesses econômicos e pessoais.

Não acredito que a inflação curricular possa ser evitada por arranjos curriculares engenhosos nem pela aproximação de diferentes áreas, malgrado reconheça a importância de incorporar essas tendências. A Secretaria de Educação publicou em janeiro de 2013 uma nova diretriz curricular para os anos iniciais, na qual o ensino da ciência fica, na prática, banido nos primeiros anos do ensino fundamental. São Paulo começa a fazer em 2013 o que os franceses faziam até meados de 1990, quando se aperceberam que os ingleses começam a estudar ciência aos 5 anos.

Fui pesquisador visitante do Centre for Primary Science and Technology (Cripsat), da Universidade de Liverpool, no início dos anos 1990, e pude perceber que o gosto pela ciência está impregnado na cultura britânica, que a valoriza muito. Para dizer a verdade, senti até algum tipo de "rixa" dos ingleses com os escoceses, no sentido de certa disputa entre os dois países para ver quem tem a melhor ciência.

Assim, os currículos se estendem ou encurtam em função de relações sociais e de poder. Aqueles que podem participar da definição de currículos impõem seus valores e interesses. As entidades de classe, os sindicatos, as associações de pais e, em última instância, as famílias deveriam participar desse processo, uma vez que a definição do projeto político-pedagógico da escola, pelo marco legal que nos rege, permite que cada escola tenha um currículo diferente.

No entanto, é ingenuidade pensar que a autonomia da escola possa ser exercida sem constrangimentos. A publicação de mudanças curriculares no ensino fundamental em janeiro, período do ano conhecido por ser um simples intervalo entre o Natal e o Carnaval, como fez a Secretaria de Educação do Estado de São Paulo em 2013, é emblemático do tipo de participação da sociedade que ela espera estimular.

Mas digamos que o ensino médio é hoje o centro dos problemas da educação brasileira. A razão é simples: os dados de desempenho são terríveis e vêm piorando nos últimos anos.

Basta abrir o jornal para ver que a avaliação que o MEC faz é a de que o ensino médio vai mal porque seu currículo está inchado. É interessante que o órgão aponte explicitamente o número de disciplinas como excessivo, esquecendo-se que foi o próprio MEC que inflou um pouco mais o quadro com Sociologia e Filosofia...

Mas admitamos que o fato básico seja a inflação conceitual dos currículos. Não é difícil encontrar outra referência explícita do diagnóstico que o MEC faz desse inchaço e do verdadeiro "período glacial do ensino médio": "Tivemos por muitos anos um ou dois vestibulares que organizavam o currículo", nas palavras de ninguém menos do que o presidente do Instituto Nacional de Estudos e Pesquisas Educacionais (Inep)[4].

Há muitos anos ouvimos que as universidades (entre as duas citadas, tenha certeza de que a USP é uma delas!) são responsabilizadas pelas distorções do currículo do ensino médio, pois acabariam supostamente pressionando as escolas por meio de seu pro-

---

4. Entrevista de Luiz Cláudio Costa a Paulo Saldaña. *O Estado de S. Paulo*, 27 jan. 2013, p. A21.

grama de vestibular. Isso explicaria a baixa adesão a programas de inovação curricular, como "Ensino Médio Inovador", e até mesmo o "baixo perfil operacional" das Diretrizes Curriculares Nacionais para o Ensino Médio (DCN-EM). No entanto, há explicações alternativas para essa característica dos documentos oficiais, que passam longe das universidades, e para sua suposta culpa pelas mazelas do ensino médio.

Logo após a publicação da última edição das DCN-EM, as diretrizes foram criticadas duramente de maneira pública. Foram até mesmo ridicularizadas, como se estivessem escritas em javanês, e o Conselho Nacional de Educação (CNE) seria o responsável por um "pesadelo" educacional. Malgrado a forma pouco respeitosa de estruturar uma crítica, ela foi reproduzida por nada menos do que a Academia Brasileira de Ciências! (Schwartzman, Araujo e Castro, 2012) De todo o modo, a crítica dizia que era impossível transformar aquelas diretrizes em algo prático para o cotidiano das escolas brasileiras.

No entanto, essa era precisamente a crítica contida na expressão "baixo perfil operacional", que foi colocada entre aspas justamente para reproduzir seus termos exatos, utilizada para definir as DCN-EM de 1998 por um dos mais próximos e respeitados colaboradores da então equipe do Inep. Elas inauguraram o ciclo de baixo desempenho dos estudantes que vemos até hoje. A crítica, por coincidência, também se estendia à linguagem do documento, definindo-o como "texto de alto teor literário e de difícil tradução", tanto do ponto de vista legal como operacional, onde talvez resida a origem do javanês dos documentos oficiais do CNE. Essas características foram apontadas justamente como o nexo causal da falta de norte da reforma curricular do ensino médio. Diz o artigo: "Essas limitações das DCN-EM talvez ajudem a entender o fato de o MEC ter tomado para si a tarefa de definir, para o currículo do ensino médio, um novo perfil" (Franco e Bonamino, 1999).

A existência dos Parâmetros Curriculares Nacionais para o Ensino Médio (PCN-EM) era justificada pelo "baixo perfil operacional das DC-NEM", e esse documento teria definido um "perfil" para o ensino médio, base para a estruturação do Exame Nacional do Ensino Médio (Enem). É exatamente esse "perfil" que o presidente do Inep diz, de forma exultante, prevalecer no país em 2013, "derrotando" o modelo do vestibular de "uma ou duas universidades", ainda que o ensino médio continue em seu "período glacial" com desempenho dos estudantes em alguns casos pior até mesmo que o dos alunos do ensino fundamental!

No entanto, ao verificar os "objetos de conhecimento" do programa do Enem, qual não é a surpresa ao perceber que a lista de conteúdos nada deixa a dever ao programa de vestibular da mais exigente universidade. No programa de Biologia, por exemplo, na parte referente à genética, para citar apenas um exemplo, o aluno deve ter estudado "neoplasias e influências do ambiente", o que é algo extremamente sofisticado. Para explicar o que é linfoma e suas prováveis ligações com o uso de pesticidas – um possível contexto –, seria necessário aprofundar uma série de conceitos referentes a citologia, anatomia e fisiologia humanas, ecologia e bioquímica.

Ora, isso não é uma "inflação curricular"? Certamente!

Portanto, o problema não está em quem é o dono do programa do exame ou em quem manda nele; o problema é ser um programa de exame, seja ele qual for! Isso inflaciona o currículo de uma maneira ou de outra[5]. De qualquer forma, trata-se de uma inflação

---

5. O fato de o Enem nunca ter feito uma questão exigindo conhecimento sobre mieloblastos, linfoblastos e monoblastos, por exemplo, na verdade é mais

artificial, e não daquela admitida como natural, em função do acúmulo de cultura.

No mesmo artigo, os autores apontavam justamente o Enem como parte de uma estratégia de "reforma baseada em avaliação", em curso desde 1998, malgrado todos os desmentidos. A estratégia, como vimos, até hoje demonstra não ter sido abandonada.

A estratégia é simples, pois se trata apenas de uma questão de poder. Controlar um exame de dimensão nacional, no qual se inscrevem 7 milhões de pessoas, significa concentrar extraordinariamente o poder. Essa concentração foi acompanhada da maior queda do desempenho dos alunos do ensino médio de todos os tempos. Para quem acha que governar é fazer escolhas, devendo estas estar baseadas em evidências, nada se impõe como mais evidente. De 1998 a 2013, os alunos foram de mal a pior no ensino médio. Pelo visto, a era glacial ainda prevalecerá por alguns anos...

Esse panorama glacial não se alterou com a mudança de governo. Ao contrário, uma vez que o Enem não só continuou a pautar a educação básica como passou a guiar as principais políticas do MEC, que, ao mesmo tempo se queixa de a inovação curricular ser difícil.

O Enem foi apresentado, em abril de 2000, ao plenário do CNE como a forma mais inteligente e justa de democratizar o acesso à educação pública de qualidade. Naquela oportunidade,

---

significativo do tipo de influência que exerce sobre o currículo. Com seu conhecido padrão de questões, no qual um longo texto é apresentado ao aluno pretensamente levando todos os pressupostos conceituais necessários para responder à questão, o Enem na verdade acaba por desautorizar qualquer iniciativa de ensino sobre mieloblastos, para aproveitar nosso exemplo.

mereceu meu aplauso, e como conselheiro de início de mandato[6] tomei a palavra e publicamente declarei meu apoio. No entanto, acrescentei um desafio, convidando a presidente do Inep à época, que fazia a exposição, a retornar no ano seguinte com os resultados concretos. Como eu também era membro do Conselho Curador da Fuvest à época, acompanhei de perto o efeito da incorporação da nota do Enem à do vestibular. Na ponta do lápis, não havia diferença alguma. Os melhores da Fuvest eram também os melhores no Enem; tínhamos a ficha socioeconômica de cada um deles. Não preciso dizer que os dados do Inep comprovando a democratização nunca apareceram. Hoje se pode dizer que é o vestibular mais elitista e excludente do país: inscrevem-se pouco mais de 7 milhões de pessoas, que concorrem a pouco menos de 130 mil vagas de universidades públicas, uma relação de 54 candidatos por vaga, na média. Na Fuvest, são 15 para cada vaga, ou seja, mais de três vezes menor! Pergunto: qual é mais elitista e excludente?

Entender a extensão dos currículos do ensino médio implica conhecer o crescimento dos programas de vestibular e do Enem e a distribuição desigual de poder e escolaridade pelos estratos sociais na história recente do país. Essa pesquisa ainda não foi feita, pelo menos que eu saiba, mas creio que uma boa hipótese seria a de que a expansão da escolaridade no Brasil foi acompanhada de uma inflação de conteúdos nos programas de vestibular, reproduzida no Enem. Os cursinhos devem ter sido expressão dessa "corrida armamentista", oferecendo munição extra a alguns e aplaudindo o inchaço dos programas para todos.

---

6. Cumpri mandato de 2000 a 2004, designado nos termos da Lei n. 9131/1995, por indicação de sociedade científica da sociedade civil, no caso a Sociedade Brasileira para o Progresso da Ciência (SBPC).

Os "cursinhos de Enem", que existem pelo menos desde 2003 (Souza e Oliveira, 2003), ensinam macetes de leitura e execução da prova, o que na prática implica estender o conceito de conteúdo, verdadeiramente relacionando-o com procedimentos. Sim, há procedimentos específicos para resolver as questões do Enem e os cursinhos dedicados a ele treinam os estudantes. Trata-se de uma especialização profissional que faz professores (e instituições) se definirem como "especialistas em Enem", tamanha a quantidade de recursos requeridos para um bom desempenho.

Concluindo, acredito que a "inflação curricular" seja um fenômeno real, a refletir valores compartilhados e a distribuição de poder numa sociedade escolarizada. Esse fenômeno adquiriu uma conotação muito particular no contexto do ensino médio brasileiro, com discursos oficiais contraditórios – de um lado, criminalizando a pretensão de reformar o ensino médio por meio da pressão de exames de acesso à educação superior; de outro, praticando esses mesmos "crimes" de maneira contumaz. Não adianta tomar o lugar dos vestibulares com o Enem. O MEC deveria ser coerente e cortar pela metade a matriz de objetos de conhecimento do Enem, tratando adicionalmente de esclarecer seu conteúdo, em português simples e claro, evitando o já tradicional "texto de alto valor literário e de difícil tradução".

Chassot: Valéria, como me definirei feyerabendiano na tua quarta pergunta (ver a nota 16), autorizo-me a sê-lo agora. Antes de responder a tuas questões, preciso, por respeito aos leitores deste livro e admiração ao Nelio, cantar loas ao texto em que ele responde a minhas questões.

Vou fazer apenas um destaque: a citação em que o Nelio faz passagem do livro de Isaías para mostrar como a leitura literal de texto bíblico deixa em apuros aqueles que leem a Bíblia pretendendo interpretá-la literalmente. Ele cita o profeta (autor de uma profecia que os crentes já esperam há milênios): "O lobo e o cordeiro se apascentarão juntos, e o leão comerá palha como o boi; e pó será a comida da serpente. Não farão mal nem dano algum em todo o meu santo monte, diz o Senhor" (Isaías, 65:25).

Salvo equívoco meu, o fundamentalismo é mais crucial (ou cruel?) com textos do Antigo Testamento, até porque este é muito mais extenso e aventura-se a narrar (ou fazer ficção científica de) uma cosmogonia. Assim, há muito apropriada oportunidade na hermenêutica que faz Bizzo.

Aqui e agora ouso: passo a considerar diferentes passagens tanto do Antigo como do Novo Testamento textos seminais de uma genuína e muito preciosa ficção científica. Isso é tão sintomático que há ortodoxos que não os põem em dúvida, são sólidas verdades. Houve até alguns que, por descrê-los, foram levados à fogueira ou condenados ao silêncio perpétuo como Hipácia, Bruno e Galileu.

Em oposição, há aqueles que fazem dessa ficção científica texto de cunho científico, como nas muitas discutidas datações da idade da Terra. Assim, para saber o momento da criação, ou melhor a idade da Terra, bastava somar a idade dos patriarcas. Essa tarefa, complexa devido às lacunas e às contradições entre os testamentos, foi efetivamente realizada. Em 1654, o arcebispo James Usher (1580-1656) publicou o *Annales Veteris et Novi Testaments*, sugerindo que o céu e a Terra foram criados em 4004 a.C. (Moore, 1956). Um de seus discípulos levou os cálculos mais adiante e anunciou triunfalmente que a Terra foi criada num domingo, dia 21 de outubro de 4004 a.C., exatamente às 9h, pois Deus gostava de trabalhar de manhã.

Se alguém quiser desqualificar o relato acima como ocorrido em distantes quase quatro séculos, há os que vivem – ainda hoje – esses textos quase em delírios, como um dos cientistas brasileiros mais importantes na área da Química: ele diz ver nas moléculas do barro em que Deus moldou Adão as impressões digitais do Criador: "Em todas as moléculas vemos 'a mão e a mente' de nosso Criador. [...] Por isso, sabemos que não há no céu e não há na Terra Deus como o Senhor!"[7]

Assim, para textos chamados de "a palavra de Deus", "relatos sagrados", "textos científicos", acrescento outra leitura: "peças de ficção científica". Eu poderia trazer uma extensa exemplificação. Restrinjo-me a três de cada um dos testamentos. Também vou apenas citá-las de memória sem detalhá-las – pois estão no imaginário de cada um –, muito menos preciso referir a fonte. Esta é sabida de todos.

Assim, serve de exemplo, no Antigo Testamento:

1. A cosmogonia, com o magnífico relato da criação em seis dias, especialmente da criação do homem a partir de um boneco de barro, e o de uma primeira clonagem, quando da criação da mulher.
2. A construção da arca de Noé. O alojamento, a alimentação dos animais na arca com divisões para os de clima equatorial e os de clima polar e os cuidados para a não autodevoração dos casais selecionados.
3. A estada de Jonas dentro da baleia. Segundo o relato bíblico, durante a viagem acontece uma violenta tempestade. Esta

---

7. Ver detalhes em: http://www.iqc.pt/index2.php?option=com_content&do_pdf=1&id=1074. Acesso em: 10 maio 2013.

só acaba quando Jonas é lançado ao mar. Ele é engolido por um "grande peixe [em grego, *këtos*]" e no seu estômago passa três dias e três noites. Sentindo como se estivesse sepultado, reconsidera sua decisão. Tendo se arrependido, é vomitado pelo "grande peixe" numa praia e segue rumo a Nínive.

Do Novo Testamento há muitos exemplos, mas seleciono, também, apenas três:

1. Uma virgem, engravidada por um ser celeste, pare um Deus e continua virgem (algo presente também em outras religiões quando deuses se fazem humanos).
2. A transformação da água em vinho e a multiplicação dos pães e dos peixes.
3. A ressurreição de Lázaro.

Uma mesma verdade tem leituras diferentes para distintas denominações religiosas – o simbolismo do pão e do vinho na eucaristia católica tem diferente significado na liturgia luterana e esta assume outro significado na metodista –, mas assim como uso os óculos da ciência para ler textos bíblicos como metafóricos ou como ficção científica nada me impede de lê-los com óculos da fé e crê-los como a verdade inspirada por uma divindade...

Mas tuas perguntas ficaram distantes. Trago-as de volta ao cenário. Pois bem, se o progresso também se nutre do passado, como chegar a um estado de equilíbrio em que a conservação dos conhecimentos adquiridos não impeça a aquisição de novos conhecimentos? Estariam os conceitos de transversalidade e interdisciplinaridade em consonância com esse equilíbrio?

Em outra parte deste livro, concordei com Nelio que a questão não era ir "contra o conteúdo", mas sim contra a perversidade curricular. Respondi assim a essa tua primeira pergunta. Ratifico aqui a tese que inaugurava então a primeira pergunta de Nelio: Será que "ensinar menos" não significa, na verdade, ensinar mais? Respondi com um sim garrafal.

Quando perguntas pela busca de um equilíbrio, talvez pudéssemos pensar em deixar as informações, para ser passadas pelo Professor Google Sabe-Tudo e para a preciosa Wikipédia. A Escola, com umas poucas informações, trabalharia conhecimentos e saberes.

Parece que então teríamos espaço para exercitar a transdisciplinaridade, isto é, transgredir as fronteiras que engessam as disciplinas. Mas vou além: defendo a indisciplinaridade. Mas isso reservo para a última questão.

Valéria: Em vários momentos e de diferentes modos vocês tecem críticas à formação que receberam (muitas delas certamente se aplicam à que os estudantes recebem hoje). Gostaria que comentassem mais sobre a formação de professores de Ciências no contexto brasileiro. Na opinião de vocês, que mudanças são mais urgentes e/ou necessárias nos cursos de formação de professores para suprir as lacunas apontadas na primeira e na segunda parte deste livro? Como promovê-las?

Nelio Bizzo: Outra questão complexa que mereceria muita reflexão. Como sempre, remeto a questão para a história, lembrando que a educação brasileira nasceu de ponta-cabeça, e tardiamente. Fundaram-se cursos de educação superior para engenheiros (1792), médicos (1808) e advogados (1827) quando não havia uma única escola de formação de professores alfabetizadores. Sua criação acabou delegada às províncias na primeira Constituição do Império; como a República não mudou essa lógica descentralizadora, na prática temos várias histórias de formação de professores no país. Getulio Vargas (voltamos a ele!) foi um ponto de inflexão nessa tendência, ao criar o Ministério da Educação (fundido ao de Saúde, à época) e normas comuns aos sistemas de ensino. Com a Constituição de 1934, criaram-se o Conselho Nacional de Educação e a necessidade de um plano decenal de educação, a unificar os esforços de todos os entes federativos, razão pela qual estamos hoje discutindo o novo Plano Decenal de Educação.

As diretrizes de formação de professores atualmente em vigor evitaram de maneira deliberada o tema da formação multidisciplinar, caso típico das ciências. As iniciativas que eventualmente apareceram pelo país enfrentaram pesados problemas, entre eles o problema da formação multidisciplinar com avaliação disciplinar: os alunos deveriam fazer o Enade[8] de Física, Química ou Biologia competindo com alunos que só estudavam essas disciplinas. Não é difícil perceber que tinham um desempenho comparativo inferior, o que colocava em apuros a coordenação do curso, que cogitava extingui-lo, criando em seu lugar licenciaturas separadas. Convidado a participar de um grande debate em Belém, defendi a manutenção do curso multidisciplinar, combinando gestões com o MEC para que a avaliação dos alunos contemplasse a complexidade da realidade brasileira.

---

8. Em decorrência da Lei n. 10.861, de 14 de abril de 2004, que criou o Sistema Nacional de Avaliação da Educação Superior (Sinaes), as instituições do Sistema Federal de Ensino devem obrigatoriamente participar do Enade, enquanto as que pertencem aos sistemas estaduais de ensino podem participar por adesão.

O fato essencial é o de que não existem professores de Ciências. Escrevi uma paráfrase de Alberto Caeiro na abertura de um livro (Bizzo, 2010, p. 5):

Vi que não há professores de ciências.
Há biólogos e geólogos,
há físicos, químicos, engenheiros e médicos.
Há burocratas curiosos e picaretas,
há os que se apegam às verbas públicas... (se os há!).
Há livros, microscópios e lunetas,
mas um todo único a que pertençam,
ofício real e verdadeiro,
é (ainda) uma doença de nossas ideias.

A verdade é que nos formamos biólogos, geólogos, físicos ou químicos e vamos para a escola dar aulas de Ciências, não de Biologia, Geologia, Física ou Química. O professor de Ciências (assim como o de arte) tem formação monodisciplinar e atuação multidisciplinar. O que diz a instituição formadora depois de formado? Normalmente algo como "Vire-se!". Ora, não é razoável.

Como eu disse, a comissão que redigiu as diretrizes curriculares para formação de professores (de 2002), da qual eu fazia parte, passou ao largo da questão – e aqui vai uma autocrítica. Acho que erramos ao fazer de conta que o problema seria resolvido por si só[9]. A situação é muito complexa e acho que devemos começar a

---

9. Na verdade, a comissão reconhecia implicitamente que a tarefa era grande demais para ela. Seria necessário estender as oitivas no espaço e no tempo para que um consenso mínimo se estendesse aos cursos multidisciplinares.

reconhecer que a "comunidade de praticantes" precisa ser de fato constituída nesses campos multidisciplinares. A ideia mais consagrada, pelo menos no campo sociocultural de extração norte-americana, referindo-me a autores como Barbara Rogoff, Jean Lave e Etienne Wenger, é a de que a aprendizagem alude a um processo de aproximação entre alguém que "chega" e um grupo que "pratica" algo com desenvoltura. A aprendizagem, nessa perspectiva, implica uma crescente apropriação das habilidades e do conhecimento do grupo experiente pelo "novato", em interações que definem uma comunidade de conhecimento e prática[10]. O fato básico é que o professor de Ciências sai de um curso de Biologia, onde aprendeu a mexer com microscópios, e chega numa sala de aula onde se está estudando a Lua e um aluno pergunta por que a lua tem uma face oculta, ou como se usa um telescópio. Quanta astronomia os biólogos estudaram? Até bem pouco tempo atrás, nem os licenciados em Física na USP estudavam astronomia...

Uma saída seria filiar-se a uma associação de ensino de Ciências... Na Inglaterra, ela existe há mais de 100 anos. Mais recente na Itália, ela se dinamizou depois de uma iniciativa do Ministério da Educação, que criou uma rede de tutores, professores de Ciências experientes, no que se chamou Plano Nacional de Ensino de Ciências Experimentais[11]. No Brasil, ainda não foi fundada! E vai

---

10. Ver, por exemplo, Lave e Wenger (2011), em especial o Capítulo 2, "Practice, person, social world" (p. 47-58).
11. Também na Itália o Exame de Estado, aplicado ao final da educação básica, é grande indutor de mudanças curriculares e, ao instituir a redação de tema científico, levou as escolas a ajustar seus currículos e suas avaliações. Ver Peruffo, (2010).

levar um bom tempo, pois as questões políticas, levando em consideração as diversas corporações, são complexas.

O professor de Ciências é, em si, um "novato" e vai ter de se aproximar de várias comunidades de praticantes que não estão necessariamente disponíveis para recebê-lo. E, mesmo assim, restará a possibilidade de não haver uma "epistemologia em comum" (Lave, 1988), no sentido de que estranhamentos podem ser esperados. O conceito de energia, por exemplo, que já se pretendeu unificar nas diversas disciplinas escolares, resta como parte de epistemologias muito distintas. Os biólogos apontam para moléculas de glicose e ácidos graxos e dizem coisas como "A energia está lá dentro", mas os químicos reprovam essa forma de conceber a energia, entendendo-a precipuamente como interação.

Lembro-me dos tempos em que eu coordenava a avaliação dos livros didáticos de Ciências e corria atrás dos especialistas para resolver dúvidas como a do livro que dizia que o urubu podia comer carniça porque voava alto e, ao respirar ozônio na alta atmosfera, matava as bactérias responsáveis por sua deterioração. Na Física me diziam algo do tipo:"Eu entendo de alta atmosfera, não de urubu!"; já o químico dizia que podia falar das reações de oxidação dos compostos tóxicos, mas de alta atmosfera – e de urubu – não entender nada. Na Biologia, novamente o especialista em urubu nada podia dizer da alta atmosfera[12]. Sem dúvida, o cotidiano do professor de

---

12. Para não criar um falso suspense e deixar o leitor intrigado, vou ao fim da história: ninguém aceitou assinar um parecer dizendo que o livro estava errado. Na viagem a Brasília, onde eu entregaria a decisão, me ocorreu chamar a aeromoça e pedir uma palavra ao comandante da aeronave. Perguntei a ele qual é a altitude máxima na qual um avião pode colidir com uma ave segundo os manuais

Ciências envolve a interação de diferentes áreas do conhecimento, mas ele mesmo é um novato em quase todas as esferas em que atua. Creio que reconhecer essa especificidade é fundamental. A formação da identidade profissional do professor de Ciências é essencialmente distinta da do professor de Matemática, Geografia ou História.

Assim, creio que seja necessário reconhecer essa especificidade e criar essa comunidade institucionalmente. Os formadores de professores devem constituir essa comunidade de conhecimento e prática, mantendo, ao mesmo tempo, contatos com a comunidade acadêmica propriamente dita – os chamados cientistas de bancada –, com as escolas e os alunos jovens.

Essa estrutura acadêmica deveria, por sua vez, constituir o núcleo em torno do qual se articulariam os estágios da formação inicial dos futuros professores. Nas diretrizes curriculares prevê-se esse tipo de estrutura, uma vez que o curso de licenciatura deve ter identidade própria – este é o termo-chave – e se articular com o curso de bacharelado, mas sem estabelecer com ele relação hierárquica. As várias instituições, no caso de universidades, devem articular suas estruturas ligadas ao curso de licenciatura em torno de um centro – a faculdade de Educação tem papel central nesse caso – a fim de permitir o contato entre as diferentes áreas, tanto no caso do ensino fundamental como no do ensino médio. Isso não é fácil na prática, mas vale a pena tentar.

---

internacionais de voo. Para minha surpresa, a região andina pode reservar essas surpresas até os 8 mil metros de altitude, com o voo do condor, mas isso respondia à minha dúvida, pois a camada de ozônio se situa bem acima disso. Assim, acabei assinando o parecer eu mesmo. Por último: o urubu e o condor pertencem à mesma família de aves (*Cathartidae*)!

Chassot: Falar sobre o ensino de Ciências (no Brasil) é trabalhoso. Não cabe, aqui e agora, uma tentativa de fazer história. Há literatura abundante. Adito aqui apenas comentários vestibulares a respostas mais diretas aos questionamentos.

Em épocas mais recentes, houve significativas melhoras no ensino de Ciências. Dois momentos que foram definidores dessas melhorias: um, o advento dos cursos de licenciatura para formar professores. Os primeiros cursos de formação de professores surgiram no Brasil nos anos 1930, com a criação das faculdades de Filosofia, Ciências e Letras. O esquema usual – batizado de 3+1 – era três anos de bacharelado em Biologia, Física, Química, História, Geografia... e depois um ano de disciplinas pedagógicas (Psicologia da Educação, Didática, Prática de Ensino, Administração Escolar etc.).

Nesse caminho, ocorreu um fato revolucionário para o ensino de Ciências no mundo ocidental: o lançamento do Sputnik – primeiro satélite artificial da Terra – em 1957, pela então União Soviética, colocou os Estados Unidos em desvantagem na corrida espacial. Estes buscaram culpados. Apareceu uma evidência: a Escola. Mais precisamente o ensino de Ciências ou, ainda mais, as deficiências do sistema educacional estadunidense foram apontados como responsáveis pelas desvantagens tecnológicas.

Uma consequência imediata do lançamento do Sputnik no ensino de Ciências foram os movimentos visando a radicais reformas curriculares que ocorreram nos Estados Unidos. Estas se centraram no desenvolvimento de projetos para os quais foram recrutadas figuras exponenciais de todas as áreas, inclusive muitos laureados com o prêmio Nobel, com patrocínio vultoso para definir conteúdo, estratégias, atividades dos alunos nos laboratórios escolares e equipamentos de baixo custo[13].

Talvez se possa resumir que no Brasil não tenha havido repercussões significativas, apesar de esforços locais, em especial nos centros de treinamento de professores, muito bem organizados para a necessária correção do ensino de Ciências. Eu, particularmente, fui sujeito desses "treinamentos".

Mas há um segundo momento, já na década de 1970 (do século 20): o advento da pós-graduação para atender à "formação de formadores", que resumo a seguir. Primeiramente, biólogos, físicos, químicos, talvez com licenciatura na área, ingressam em mestrados e doutorados em Educação. Não havia mestrados na área de ensino de Ciências. Esses mestres e doutores envolvem-se nessa área a partir da década de 1980. Nesse momento, é decisivo na área da Capes o Subprograma de Ensino de Ciências (Spec), merecendo destaque um nome: Pierre Henri Lucie (1917-1985)[14], francês que dedicou seus últimos 40 anos à alfabetização científica no Brasil. O Spec financiou cursos, eventos, revistas. Começam então os mestrados e doutorados em ensino de Ciências.

Talvez a medida do esforço para a melhoria do ensino esteja na Rede Amazônica de Educação em Ciências e Matemática (Reamec), formada por 23 instituições de ensino superior dos nove estados da Amazônia Legal. Trata-se de um programa de doutorado, fundado em 2010, que visa à formação, nos próximos dez anos, de 120 pesquisadores e formadores de professores na área de educa-

---

13. Ver Chassot (2004).
14. Para mais informações: <http://www.ccpg.puc-rio.br/nucleodememoria / saudades/pierrelucie.htm>. Acesso em: 2 jan. 2012.

ção/ensino de Ciências e Matemática com o objetivo de fortalecer esse segmento na região amazônica, especialmente no âmbito das licenciaturas em Física, Química, Biologia, Matemática e Pedagogia.

Talvez eu devesse mencionar a "virada metodológica" que se faz na educação nesta segunda década do século 21. Blogues, redes sociais e videoaulas para fazer alfabetização científica são centenas. Sobre os blogues já fiz acenos em outro segmento. Quanto às redes sociais, creio que em breve estarão saturadas. Acerca das videoaulas, parece que elas fazem uma concorrência desleal com alternativas menos sedutoras. São tempos de *"fast education!"*

Valéria: Sabemos que o ensino não se encarrega de transmitir apenas nossa ciência e nossa cultura, mas também uma forma particular e específica de pensar. Nesse processo, a história da ciência nos habituou a pensar segundo uma concepção androcêntrica – o homem como ser humano e "masculino" no centro dos acontecimentos. Habituou-nos, também, a naturalizar uma visão que denota como os avanços da ciência não atendem efetivamente aos interesses da maioria da população, mas priorizam os interesses das populações com alto poder aquisitivo. E isso nos remete aos princípios de democracia. Ora, uma sociedade não é justa se não há equidade entre homens e mulheres, se não há respeito pelas diferenças e igualdade de oportunidades para todos os seres humanos. Se para alguns isso parece utopia, é preciso pensar que, se os dogmas científicos podem ser mudados, por que não os preconceitos que estiveram em vigor por séculos? Como fazê-lo?

Nelio Bizzo: Chassot é "o cara" para responder a essa pergunta e eu pouco acrescentaria ao que ele já escreveu em resposta a uma de minhas questões. De fato, nossa matriz cultural fala de um Deus masculino, que teve um filho homem; nossa tradição judaico-greco-cristã fala muito alto, como disse o querido Chassot. O Caetano Veloso quer viver numa mátria, não numa pátria...

Chassot: Valéria, quando em outro segmento deste livro, respondi ao instigante Nelio sua quinta e transgressora pergunta, alonguei-me bastante nessa discussão. Pouco mais que aderir ao teu bem-posto neologismo – androcêntrico –, que não conhecia e passo a adotar, tenho algo a acrescentar.

Lembro-me das dezenas de palestras tendo como mote o livro *A ciência é masculina? É, sim senhora!* (2003), que fiz em 25 das 27 unidades federais brasileiras, na Argentina (em quatro universidades), na Colômbia (em cinco universidades) na França, no México, no Paraguai e no Uruguai. Nesses lugares, em geral, o androcentrismo parece ser algo natural – e talvez não possa ser revertido.

Valéria, perguntas o que fazer? Mostrar como nos constituímos machistas. Mostrei isso quando referi os nossos (do mundo ocidental) três DNAs (o grego, o judaico e o cristão). Há de se denunciá-los como castradores do feminismo. Há de se anunciar possibilidades de novos tempos.

Valéria: Para a última pergunta trarei o conceito de aprendizagem baseada em problemas (ABP). Tal abordagem assume problematizações concretas e situações reais como ponto de partida para o processo de ensino e aprendizagem. Como vocês veem a ABP no ensino de Ciências? Poderiam comentar e, se possível, descrever alguma experiência que conhecem na área?

Nelio Bizzo: Valéria, você faz valer a máxima que diz ser o último parafuso o mais difícil de desatarraxar... Outra questão difícil, mas a essa altura me sinto no dever de ir direto ao assunto. A questão básica consiste no fato de que problematizações concretas em situações reais muito provavelmente vão permitir abordar diversos conceitos daquilo que poderíamos chamar de ciência canônica. Geralmente ela é apresentada de forma descontextualizada, árida, sem que se entendam a razão de sua criação e as possíveis aplicações até mesmo em nossa vida cotidiana. Nesse sentido, centrar a aprendizagem em problemas traz diversas vantagens. No entanto, o também querido Glen Aikenhead nos lembra que as vantagens são acompanhadas de um paradoxo: a contextualização didática e epistemológica ou histórica aumenta muito a motivação do aluno, mas cresce igualmente a complexidade envolvida na atividade educativa[15]. Posto de outra forma, a aproximação por problemas deve ser entendida como uma estratégia complementar, na qual o professor pode atuar quando se sentir inserido em contexto institucional especialmente preparado para isso, contando com recursos para dar conta da complexidade adicional que previsivelmente enfrentará.

Chassot: Escrevo esta parte do livro (em janeiro de 2013) no limiar de meu 53.º ano de magistério. Trago esta informação pessoal para marcar duas dimensões à resposta à última pergunta.

A primeira: neste mais de meio século fazendo-me professor, vi muitas receitas. Nunca me afiliei a nenhum rótulo. Com sinceri-

---

15. Ver, por exemplo, Aikenhead (2006), em especial p. 85 e seguintes ("Canonical science content").

dade devo dizer que não sei o que é ABP. Pelo nome preciso dizer que devo tê-la praticado e ainda pratico.

A segunda: não fiz profissão, mas adiro ao anarquismo epistemológico ensinado por Feyerabend[16]. Assim, não tenho como rotular alguém de obtuso por ser disciplinar, sistemático ou racionalista em excesso. Claro que às vezes sou "cartesiano" também, mas como esse adjetivo tem caráter preconceituoso proponho usar o termo "disciplinar"; assim não estaremos ferreteando um nome (René Descartes) com quem temos muitas dívidas intelectuais. Quanto à não aceitação dos sujeitos disciplinares, nenhuma recomendação melhor que um continuado respeito ao multiculturalismo, pois parece no mínimo salutar aderirmos ao "tudo vale" feyerabendiano, aceitando sem pejo que alguém seja disciplinar.

Encerro com a parte final de um pequeno artigo (Chassot, 2010) que publiquei há mais tempo. Hoje, cada um de nós é mais ou menos ciborgue[17] – suposto ser humano ao qual se adaptam dispositivos mecânicos que comandam suas funções fisiológicas vitais. Eu, se uso lentes ou implantes dentários, torno-me ciborgue, pois tenho uma parte não humana. Assim, pelo acoplamento que temos, por exemplo, à memória de nosso computador pessoal ou ao telefone celular, apêndices de nossa memória orgânica, somos todos ciborgues. Quantos há que hoje não podem viver no mundo sem depender de memórias eletrônicas. Podemos dizer

---

16. Àqueles ainda não familiarizados com as posturas epistemológicas trazidas por Paul Feyerabend, recomendo, quase como um ritual de iniciação, a excelente produção de Paulo Terra, (2000). Trata-se de um texto acessível que oferece oportunidades para entender melhor *Contra o método*, obra-prima de Feyerabend que desencadeou novas análises acerca da ciência.
17. Do inglês: *cyborg*, abreviatura de *cyb(ernetic) org(anism)*.

que ciborgue é "qualquer forma de acoplamento entre ser humano e máquina". Há os que classificam como ciborgues pessoas com implantes como marca-passos, próteses e até imunizações por vacinas, juntamente com organismos transgênicos produzidos pela bioengenharia.

Hoje, essa tendência de dividir o mundo em duas zonas – a dos seres vivos e aquela da matéria inanimada – rompe-se continuamente devido a um equilíbrio entre a parte vivente e a parte inerte do mundo. A vida escapa às mãos do biólogo para passar às mãos do físico. Se a Escola não mudou, ela foi mudada. Digo que aí está um bom exemplo para exemplificar voz ativa e voz passiva.

Que educação é preciso para essa nova Escola? Não defendemos que professoras e professores sejam empacotados à tecnologia, isto é, formatados por ela. Todavia, não desconhecemos que não devemos apenas espiar esse mundo novo que aí está. É preciso adentrar nele. Aqui talvez a proposta mais radical: devemos ensinar menos. Se educar é fazer transformações, não é com transmissão de informação que chegaremos lá.

Essa nova Escola precisa ser cada vez menos disciplinar. Ao transgredir fronteiras, estaremos assumindo posturas transdisciplinares. E, numa etapa mais audaciosa – mas mais realista –, assumiremos uma Escola indisciplinar (ver mais detalhes acerca de indisciplinaridade em Chassot, 2008). Nesta Escola o prefixo *in* pode ser entendido:

1. No sentido de incluir, a partir da própria disciplina, outras disciplinas. São as ações que vamos executar para colocar nossas especificidades em outras matérias.
2. Seguindo o mesmo sentido de direção, trata-se de incorporar elementos, métodos e conhecimento de outras discipli-

nas. Aqui parece mais evidente quanto temos de buscar nas outras disciplinas, não nos bastando o "mundo" pequeno ou específico da nossa.
3. Como negação. Trata-se de negar a disciplina no sentido etimológico do termo. Aqui a proposta parece ser mais radical ou inovadora: trata-se de rebelar-nos à coerção feita pelas disciplinas que, como um látego, nos vergastam a submissão. Assim, parece que vale experimentar ser indisciplinado. Sonhar é preciso.

Valéria: No dia 4 de abril de 2013, quando estávamos concluindo esta obra, a presidenta Dilma Rousseff sancionou a Lei Ordinária n. 12.796/2013. Tal lei altera a Lei n. 9.394, de 20 de dezembro de 1996, que estabelece as Diretrizes e Bases de Educação Nacional, para dispor sobre a formação dos profissionais da educação e dar outras providências. Em especial, destacamos o artigo 62:

> A formação de docentes para atuar na educação básica far-se-á em nível superior, em curso de licenciatura, de graduação plena, em universidades e institutos superiores de educação, admitida, como formação mínima para o exercício do magistério na educação infantil e nos 5 (cinco) primeiros anos do ensino fundamental, a oferecida em nível médio na modalidade normal.[18]

Dada a relevância da referida lei, tomo a liberdade de lhes propor mais uma pergunta, com o intuito de darmos a conhecer a opinião de vocês sobre ela. Acredito que seria de grande valia se

---

18. Disponível em: <http://www.planalto.gov.br/ccivil_03/_Ato2011-2014 2013/Lei/L12796.htm>. Acesso em: 15 abr. 2013.

vocês comentassem (ainda que brevemente) essas mudanças sancionadas recentemente na LDB.

Nélio: A Lei n. 12.796/2013 consolidou as modificações originalmente introduzidas na Constituição Federal por meio da Emenda Constitucional n. 59/2009, de 11 de novembro de 2009. No entanto, a emenda dizia que as modificações seriam implementadas progressivamente, por meio da regulamentação a ser introduzida pelo Plano Nacional de Educação. Ocorre que a tramitação desse plano no Congresso Nacional não permitiu uma aprovação rápida, uma vez que o projeto foi encaminhado pelo Executivo apenas poucos dias antes do término da vigência do plano anterior (2001--2010). Assim, criou-se uma situação insólita: a Constituição dispunha sobre um serviço educacional na forma de direito subjetivo – ou seja, exigível imediatamente a qualquer tempo –, mas vinculava o oferecimento desse serviço a uma lei que sequer tramitava no Congresso Nacional! Ocorre que, como a EC n. 59/2009 definia o oferecimento da educação dos 4 aos 17 anos até o ano de 2016, não havia, rigorosamente, nenhuma lei que amparasse o Poder Executivo a tomar iniciativas visando cumprir esse prazo. Aquela emenda, na prática, destinava recursos adicionais para a educação, uma vez que eliminava progressivamente a Desvinculação das Receitas da União (DRU), até torná-la nula em 2011. Assim, enquanto se discute se é possível destinar 10% do PIB para a educação ou se serão mesmo os 7% do projeto original encaminhado pelo presidente Lula no apagar das luzes de seu mandato, essa nova lei foi aprovada e sancionada no início de abril de 2013 sem tocar nesse espinhoso assunto, que agora focaliza os *royalties* do petróleo do pré-sal. Contudo, há recursos adicionais da DRU para a educação desde 2011, mas não havia lei para que os secretários de Educação pudessem dispor dessas receitas para construir escolas adaptadas a crianças de 4 anos, contratar professores etc. É preciso lembrar que os recursos necessários para construir uma boa escola de ensino fundamental são os mesmos requeridos para mantê-la funcionando por quatro anos. Em outras palavras, não basta haver recursos adicionais para a construção de escolas, mas orçamentos estáveis para mantê-las em pé. Essa equação ainda não está resolvida e corremos o risco de chegar a 2016 sem poder oferecer a educação obrigatória a todos os que estiverem em condição de requerê-la.

Assim, penso que essa lei veio, na verdade, "tapar o buraco" da falta de um Plano Nacional de Educação. Mas trouxe algumas novidades, entre elas a nova redação do *caput* do artigo 62, deixando claro que a formação de nível médio, na modalidade normal, continua plenamente válida, agora para o magistério dos cinco primeiros anos do ensino fundamental e para a educação infantil. Ora, em agosto de 2003 um editorial de um jornal conservador do estado de São Paulo falava de uma suposta "dispensa" de curso superior por um parecer do Conselho Nacional de Educação e, passados dez anos, nada diz sobre a edição revigorada do fundamento jurídico que amparava aquele mesmo parecer. Em vez de retomar a discussão da formação inicial do professor, que foi tangenciada pela Lei n. 12.056, de 13 de outubro de 2009 (talvez a modificação mais anódina introduzida na LDBEN), a imprensa deu destaque apenas à redação do artigo 6.º, que diz ser dever dos pais ou responsáveis a matrícula dos filhos na educação obrigatória. Ora, se tem esse nome – obrigatória –, não deveria surpreender ninguém que aos pais não seja facultado decidir se os filhos devem ir para a escola ou não. Aliás, essa questão foi objeto de consideração específica no CNE, tendo sido levada até o Supremo Tribunal Federal. Por fim, confirmou-se o caráter compulsório da educação escolar no Brasil.

As modificações estão ainda em sintonia com os vetos à Lei n. 12.764/2012, que pretendia assegurar atendimento educacional em instituições especializadas aos portadores de deficiência que o requeressem. Com a nova redação, a LDBEN insiste que o atendimento aos portadores de deficiência, de transtornos globais do desenvolvimento e de altas habilidades ou superdotação deve ter como "alternativa preferencial" a própria rede pública regular de ensino, com suas conhecidas precariedades.

O que se poderia chamar de "contrabando", na tradição das medidas provisórias, na Lei n. 12.796/2013 toma a forma da menção a uma nota mínima em "exame nacional aplicado aos concluintes do ensino médio" como pré-requisito para o ingresso em cursos de licenciatura, o que soa muito estranho. É bem provável que o intuito desse parágrafo (art. 62, § 6.º) seja o de obrigar todas as universidades, mesmo as que não pertencem ao sistema federal de ensino (como a USP e tantas outras), a aceitar a nota do Enem como alternativa a seus vestibulares, em clara afronta à autonomia universitária.

Assim, há de se comemorar com alguma reserva essas novas alterações na LDBEN: não me surpreenderia se em 2016 não houvesse vagas para todos e, ao mesmo tempo, juízes concedessem liminares a estudantes que quisessem ingressar em universidades que não aceitam a nota do Enem como alternativa a seus vestibulares.

Chassot: De repente somos surpreendidos por mais um penduricalho na LDB. Já tivemos o que definiu a obrigatoriedade da inserção de história e cultura afro-brasileira e indígena, bem como a obrigatoriedade do ensino de música na educação básica... Agora, tivemos festejamentos em decorrência do ato da presidenta da República que, na primeira quinta-feira de abril, acrescentou um novo artigo (o de número 62) à Lei de Diretrizes e Bases da Educação Nacional, como vimos na pergunta de Valéria.

Mesmo com sobreposição à legislação anterior e necessidade de regulamentação de especificidades, para a nação isso é um avanço. Para professores, especialmente aqueles que se envolvem com a formação de professores, é motivo de júbilo. Alunos de licenciatura – em geral desprestigiados – têm nessa ação motivos de aumento da autoestima.

Embalo duas de minhas utopias para a Educação brasileira:

1. Que cada nível se complete em si – a educação infantil não é preparação para o fundamental; este não é preparação para o médio; que também não é preparação para a universidade; a graduação não é preparação para a pós-graduação.
2. Uma utopia anarquista, agora levemente valorizada no adito que se faz à LDB, quanto à exigência de titulação: sonhamos doutores ensinando no ensino fundamental; mestres no ensino médio; graduados, nas graduações; sem titulação formal nos mestrados e doutorados.

Referências bibliográficas

AIKENHEAD, Glen. *Science education for everyday life: evidence-based practice*. Nova York: Teachers College Press, 2006.

ANDREWS, James T. *Red cosmos: K. E. Tsiolkovskii, the grandfather of Soviet rocketry*. Austin: University of Texas Press, 2009.

BIZZO, Nelio. *Mais ciência no ensino fundamental: metodologia de ensino em foco.* São Paulo: Editora do Brasil, 2010.

CHASSOT, Attico. *A ciência através dos tempos.* São Paulo: Moderna, 1994.

_____. *A ciência é masculina? É, sim senhora.* São Leopoldo: Unisinos, 2003.

_____. "Ensino de ciências no começo da segunda metade do século da tecnologia". In: LOPES, Alice Casimiro; MACEDO, Elizabeth (orgs.). *Currículo de ciências em debate.* Campinas: Papirus, 2004.

_____. "Da química às ciências: um caminho ao avesso". In: ROSA, Maria Inês Petrucci; ROSSI, Adriana Vitorino (orgs.). *Educação química – Memórias, políticas e tendências.* Campinas: Línea, 2008, p. 217-34.

_____. "A escola mudou ou foi mudada". *Pátio, Revista Pedagógica,* Porto Alegre, ano XIV, fev.-abr. 2010, p. 10-3.

FRANCO, Creso; BONAMINO, Alícia. "O Enem no contexto das políticas para o ensino médio". *Química Nova na Escola,* v. 10, 1999, p. 26-31. Disponível em: <http://qnesc.sbq.org.br/online/qnesc10/espaco.pdf>. Acesso em: 12 jan. 2013.

LAVE, Jane. *Cognition in practice: mind, mathematics and culture in everyday life.* Nova York: Cambridge University Press, 1988.

LAVE, Jane; WENGER, Etienne. *Situated learning, legitimate peripheral participation.* Nova York: Cambridge University Press, 2011.

MOORE, Ruth. *The Earth we live on.* Nova York: Alfred A. Knopf, 1956.

PERUFFO, Beatrice. *Leggere e scrivere la scienza: lo sviluppo delle competenze dai 6 ai 18 anni.* Bolonha: Zanichelli, 2010.

REDONDI, Pietro. *Galileu herético.* São Paulo: Companhia das Letras, 1990.

SCHWARTZMAN, Simon; ARAUJO, João Batista; CASTRO, Cláudio de Moura. "O CNE e o pesadelo do ensino médio". *O Estado de S. Paulo,* 8 fev. 2012. Republicado em: <http://www.abc.org.br/article.php3?id_article=1839#.TzpXf86uvRI.email>. Acesso em: 12 jan. 2013.

SOUZA, Sandra Z. Lian de; OLIVEIRA, Romualdo Portela de. "Políticas de avaliação da educação e quase mercado no Brasil". *Educação e Sociedade,* v. 24, n. 84, set. 2003, p. 873-95.

TERRA, Paulo S. *Pequeno manual do anarquista epistemológico.* Ilhéus: Editus, 2000.

www.gruposummus.com.br